U0323723

天津市地方志编修委员会办公室资助出版

天津地方史研究丛书

老天津的地质风物

侯福志　著

天津社会科学院出版社

图书在版编目（CIP）数据

老天津的地质风物 / 侯福志著. -- 天津 : 天津社会科学院出版社, 2022.12
（天津地方史研究丛书）
ISBN 978-7-5563-0854-5

Ⅰ. ①老… Ⅱ. ①侯… Ⅲ. ①区域地质－史料－天津②地貌－史料－天津 Ⅳ. ①P562.21②P942.21

中国版本图书馆 CIP 数据核字(2022)第 186373 号

老天津的地质风物
LAO TIANJIN DE DIZHI FENGWU

选题策划：韩　鹏
责任编辑：吴　琼
责任校对：王　丽
装帧设计：高馨月
出版发行：天津社会科学院出版社
地　　址：天津市南开区迎水道 7 号
邮　　编：300191
电　　话：（022）23360165
印　　刷：天津午阳印刷股份有限公司
开　　本：787×1092　　1/16
印　　张：16.5
字　　数：229 千字
版　　次：2022 年 12 月第 1 版　　2022 年 12 月第 1 次印刷
定　　价：78.00 元

总　序

盛世修史是中华民族的优良传统,史志文化是中华民族光辉灿烂文化的组成部分。习近平总书记指出:“要高度重视修史修志”,强调“推进文化自信自强,铸就社会主义文化新辉煌”,为新时代史志工作指明了方向,也提出了新的更高的要求。

津沽丰饶,人杰地灵。天津是我国历史文化名城,是高人巨匠聚集之地,有着独特的历史发展轨迹和地域人文气质。“天津地方史研究丛书”坚持以习近平新时代中国特色社会主义思想为指导,坚持辩证唯物主义和历史唯物主义的立场、观点、方法,从社会生活不同的角度观察天津城市发展脉络和不同历史阶段特征,在不同领域的发展演进中感受天津沧桑变迁的历史逻辑。

天津市档案馆(天津市地方志编修委员会办公室)将深入学习贯彻党的二十大精神,挖掘天津历史文化资源,助力文化强市建设,繁荣城市文化和学术研究,继续打造好更多的史志研究成果展示平台。我们愿携手广大史志工作者,以史为鉴,开创未来,坚定文化自信,讲好中国故事、天津故事,彰显天津独具魅力的城市形象,贡献更多的精品力作,丰富人民精神文化生活,弘扬中华优秀传统文化，弘扬民族精神和时代精神，为奋力开创全面建设社会主义现代化大都市新局面贡献智慧和力量。

天津市档案馆
（天津市地方志编修委员会办公室）
2022年11月

序　一

地学景观与岁月流变

对于一般读者，面对这样一部书，多少会有些特定专业知识背景带来的阅读障碍。可以说，书内“语境”造成的“陌生感”，并不亚于解读西方现代文学中的某类“天书”，区别在于，《老天津的地质风物》笔下的描述与展示有物可证、有据可查，带有科普启蒙性质，“天书”则是一些文学弄潮儿们天马行空、随性涂抹的虚构作品。

地质工作者出身的侯福志先生，从业经历相当丰富，同时也是学者型“技术干部”，在此领域，古今通观，举重若轻，积淀深厚，著述颇丰。试想，一位生活在公元21世纪初叶的中年学人，深潜远古遗迹，凝视岁月流变，立于历史与当下的坐标轴，穿越时空，接通历史，通过研读天津地质生成过程的“标本”，寻觅地学景观的生成路径，与天地冥冥对话，该是一幅怎样奇妙动人，复杂莫名的苍茫图景。

这部书，是其400余篇相关文章中的选粹，融科学性、史料性、知识性、趣味性、可读性于一炉，娓娓道来，如数家珍，使人打开眼界，获益匪浅。作者为此付出的心血和精力，决非简单的敬业、爱岗、懂行之语可以解释的。

人类经常会在“从哪里来，到哪里去”的生命追问中陷入自我沉思。智慧的孔子将其化繁为简，化虚为实，用“未知生，焉知死”六个字，表达了对这一终极问题的态度。“生”是万物之本，地质孕育生命，地貌孵化生态，地理影响自然，也为生生不息的岁月流变埋下伏笔。具体到天津这片热土，这座城市，作者告诉我们，“城市的发展离不开地质背景，当人们喜欢从文化的角度去思考城市的演变和未来的发展的时候，笔者则从科学的视角出发，告诉人们有关天津的另一面。”那么，天津到底多少岁？这个问题，显然不是“建卫六百年”的结论可以一言以蔽之的。侯福志先生提供的论据是，天津陆地形成足有26亿年的历史，他根据地层学、地磁学、古生物学、同位素学等综合研究，总结出了6个历史阶段，并举证神秘的地下世界，神奇的动物化石，其间的纪年单元居然是数千万年甚至数亿年，一切一切，皆远远超过普通人的认知和想象。

探明远古的地质背景，作者把叙述镜头拉回到有文字记载的年代。全书图文并茂，彼此印证，使读者如临其境。接下来，又将笔触伸向老天津的角角落落，丝丝缕缕，枝枝蔓蔓，不仅关乎天津的地质、地貌的演变，还涉及历史、天文、典籍、风物、民俗、诗词等方方面面。

于是我们知道了，海河从孕育到形成，经过无数次变迁，才固化为今天这个面貌，这个过程，经历了3000多年的光阴岁月。所谓天津“七十二沽”，只是虚数，属于修辞之语，类似于黄河“九十九道弯”的说法，事实却是，七十二沽，只多不少。至于在天津地理字典常常见到的“岭”“岑”“坨”“台”等，属于地貌形态的不同字义诠释，既是一些村落的名号，还为广袤却单调的平原貌态注入了起伏变化。此外，吴家窑、海光寺、八里台、宁园、杨柳青、咸水沽等天津人耳熟能详的地方，也聚焦过某一段历史经纬，以八里台为例，今日的繁华热闹之地，早年却是满目洼淀，芦苇丛生，野鸟云集。运河边的水西庄，其当年的文学底蕴曾吸引文人雅集，至今仍是津津乐道的人文佳话。《团泊洼的秋天》一文，从郭小川的那首名诗引起话题，细数团泊洼数千年来的地质变迁。葛沽昔日有“小江南”美称，而海光寺在刘云若在世的年代，还是“海光湖”。凡此种种，亮点各异，不胜枚举，令人感慨。

必须承认，许多篇章的内容，古奥而新鲜，都是我的知识盲点。全书横跨科学与文史，贯通远古与现代，涉猎领域之广博，掌握资料之丰富，显示出“冰冻三尺非一日之寒”的学养厚度。书中的文献引用，书后的书目参考，可见之用功一斑。那些早已沉睡的地质遗迹，自然沧桑的前世今生，岁月深处的风物掌故，在书中皆得以情景重现，传递出无边且无限的生命感应。就此意义而言，作者的所有付出，理应得到读者的敬意。

黄桂元

（作者系天津市作家协会原副主席、著名文学评论家）

序 二

梳理山河岁月

与文史学者侯福志先生结缘是因为《中老年时报》。2021 年 4 月,按照报社安排,我开始负责时报岁月版的编辑工作。为使版面保持原有风格,同时又能有所创新,于是,我约请了岁月版的几位骨干作者征询意见,这其中就有福志先生。

福志先生是时报的老作者,也是岁月版的骨干,已有 20 多年投稿经历。经与福志先生商议,自当年的 6 月中旬开始,我建议由他在岁月版开设“故乡风物”专栏,他毫不犹豫且愉快地答应了。

福志先生爱乡爱土,他经常利用难得的休息日,到他的故乡武清区作田野调查,全区保留下来的 622 个村庄,他都去过了。在调查过程中,他积累了大量的一手资料。同时,他还收藏了有关武清的历史文献,包括不同年代的县志、地图及老照片等。有了上述基础,福志先生开始了他的村庄史研究工作。这些年,他撰写了数百篇有关武清风土和运河文化的文章,并陆续在《天津日报》《今晚报》及《武清资讯》上开设个人专栏,向读者推出他的研究成果,在弘扬乡土文化,传承历史文脉上做出了重要贡献,也在读者中产生了重要反响。

最近几年,福志先生多次应邀回家乡的图书馆及武清区政协、杨村一中、陈嘴镇中学、石各庄中学等单位举办各类历史文化讨座,还以专家身份参与了“文明武清”运河系列宣传片的摄制工作。此外，他每年都参加武清区政协文史资料及部分街镇史志的编写工作。他的村庄史研究，在武清区乃至全市都很有影响，曾被文史界誉为武清区的代言人、武清区的形象大使。在我看来，由这样一位具有丰厚学识和爱乡爱土情怀的学者主笔“故乡风物”专栏，是再合适不过的了。

自专栏发表他的第一篇文章起，福志先生就一发而不可收。从生养自己的李各庄，到武清区的其他村镇，故乡过往的风物风俗及历史文化，均在福志先生笔下，犹如行云流水般流淌，一次又一次在读者中引起很大反响。就这样，我与福志先生由认识到逐渐熟识。有一次，福志先生悄悄地对我说，他早就认识我，而且最早结缘是在2016年。那一年，他应时报邀请，前往今晚传媒大厦308会议室，在“专家带您读天津”活动中，作一期主题为“地质史上的天津”的学术讲座。当时，报社指定由我引导专家进入会议室。因这项活动涉及的专家很多，很多专家我都不记得了，而福志先生仍记得这件事。其实，在我看来，结缘早晚并不重要，重要的是人间“情”之种种，最纯洁、最纯真的莫过于编辑与作者之间的信任及以此为基础建立起来的深厚友谊。

据我了解，福志先生勤于笔耕，已累计出版各类专著十六七本，虽不能说著作等身，但也确实是佳作连连，而且他的研究领域非常广泛，不知不觉中，已形成了通俗文学史、天津报刊史、天津评剧史、地质文化史及村庄史等五大板块，并在各领域均有专著出版。福志先生虽是著名学者，但他在生活中却朴实无华。我在编辑他的稿件时，总是被他严谨的创作态度、谦逊的学者风范所打动、所折服。他是既有创作激情，又有敬畏之心的学者。他下笔谨慎，态度严谨，文字舒服，润物无声。他写作及研究的这一特点，在他即将出版《老天津的地质风物》一书中同样体现出来。

《老天津的地质风物》具有很强的知识性、可读性和重要的史料价值，我虽然是一个外行，但对于他的成果和文字，我是很认可的。福志先生出道比较早，他在20世纪80年代，就开始在报纸上发表作品了。30多年来，他一直喜欢从事地质科普及天津地方史的研究工作，而且善于从文化与史学结合的角度来研究天津的地质史。他通过自己的笔，不仅向更多的读者传达了深奥但又非常有意思的地质知识，而且还把与地质有关的掌故、人物串连起来，当作最鲜活的人文因子加以研究和介绍。《老天津的地质风物》除涉及专业知识外，还拓展到地方风物、自然地理等方面，使这本书与读者之间的距离越拉越近。他写作很重视历史细节，既有知识的传播，也有不少有趣的故事，内容真实，文字简约流畅。“地当九河津要，路通七省舟车”，天津有太多值得记录研究的内容。风云变幻，潮起潮落，在福志先生的笔下，都成了有温度的历史记录。

《老天津的地质风物》在内容上分为四编，地质与地貌、地理与风物、地质与特产、地学与掌故，每一篇文字中均配有插图，灵动而富于画面感的文字，加上年代感极强的图片，使读者就好像跟随一位资深导游，身临其境地去欣赏天津这座北方都市的壮丽美景，体会他梳理的山河岁月的博大精深。特别值得称道的是，他的文字只求一个“真”字。福志先生常喜欢借欧阳修的一句话说“不怕先生骂，却怕后人笑”，正所谓“文章千古事”。他写作的每一段文字都很接地气、冒热气、有温度。每一部分内容，都犹如汩汩清泉汇聚在一起，给人以知识的启迪和岁月静好的深思。他的语言平易流畅，但又富于逻辑性。

福志先生在文史研究领域已深耕耘多年。他的研究和创作过程绝非坦途，更需韧劲。众所周知，常人喜欢关注“高大全”，而往往忽略了细节。而他却尽力搜罗、查阅原始文献，并走入民间，深入生活，通过采访，去记录、去挖掘“原生态”的旧闻轶事，把“高大全”的内容与历史的细节融合在一起，支撑起这部书的“系统工程”。

福志先生虽公务在身，但他在繁忙的工作之余，书包里的小本子一直陪伴着他过往的流年，记录着他幸福的年华和快乐的人生，他的足迹遍布了山河岁月……精诚所至、金石为开。

按这个标准，他是成功的，而且非常成功。在此，我向福志先生祝贺，祝贺他的新著出版,也预祝本书大卖特卖。

是为序。

董欣妍

(作者系《中老年时报》资深编辑、天津市作家协会会员)

自　序

天津地处华北平原东北部，东临渤海，北依燕山。境内大部分区域被巨厚的新生代沉积物所覆盖。地势低平，以平原和洼地为主，只在北部蓟州山区才有基岩出露。地貌总体轮廓为西北高而东南低，海拔由北向南逐渐下降。

在26亿年前，天津这片土地还曾是一片汪洋大海。在漫长的地质岁月里，在海洋沉积、地壳隆起以及岩浆侵入、河流冲积的共同作用下，造就了天津丰富多彩的地貌形态和地质景观。京东第一山、千古大运河、独一无二的贝壳堤，世界著名的中上元古界地层剖面，乃至民国时期的青龙潭、八里台、海光湖等丰富的自然遗产和人文古迹，无一例外地受到地质作用的控制或影响，记录了天津这片古老土地沧海桑田的变化过程。

在远古时代，生活在天津这片热土上的人们，就以他们勤劳的双手，成就了包括地质文化在内的辉煌的历史文化。特别是在历史长河的近百年间，涌现出了以王宠佑、张相文、李四光、高振西、潘钟祥、陈立夫、黄汲清、孙越畸、孙云铸、刘东生、张文佑等为代表的一大批地质界名人，他们活跃在政界、文化界及科技界；胡佛、桑志华、德日进、施伯理等外国的地质达人，他们或者在天津从事过地学教育，或者在天津从事过地学活动。他们过往的历史，往往与重大历史事件结合在一起，为我们这座城市留下了宝贵而丰厚的地质文化遗产。

正因天津这座城市的形成以及她厚重的历史文化与地质作用有着密不可分的联系，所以，有必要对发生在身边的地质现象、地质遗迹及地质资源进行研究，让人们更充分地了解它、保护它和利用它，以便正确处理人与自然的关系，让大自然更好地为人类服务。笔者是地质出身，曾长期从事地质及相关的管理工作，自1986年便开始撰写一些地质科普文章，用通俗易懂的文字，把复杂的地质现象以及有趣的地质人文故事介绍给读者，迄今为止，已累计在报刊杂志上发表了四百余篇作品。《老天津的地质风物》所收录的七十多篇文章，就是在这些文字中精心挑选出来的。全书分四编，分别是地质与地貌、地理与风物、地质与特产、地学与掌故。笔者结合个人丰富而珍贵的藏品，借助多年来田野调查所拍摄的大量历史照片，从地质、地理、水文等研究视角，图文并茂地展现了天津这座历史文化名城的地质历史、地理风貌和自然遗产，记录了百年来有趣的地质人文故事，具有科学性、史料性和可读性，既可作为大专院校从事地学教育的参考资料，也可以作为广大市民读者了解天津乡土的通俗读物。

人们常说，百年历史看天津，读《老天津的地质风物》，同样可以找到这方面的佐证。

是为序。

2022年10月8日

目　录

第一编　地质与地貌

第二编　地理与风物

第三编　地质与特产

第四编　地学与掌故

第一编

地质与地貌

天津到底有多少岁

在地形上，天津的海拔由蓟州北部山地丘陵区向南部平原区逐级下降。地貌主要有山地、丘陵、平原、洼地、滩涂等。其中山地分布在蓟州北部，海拔在200米以上；丘陵海拔在200米以下，相对高度50—100米；平原分布在山区以南广大地区，包括分布于蓟州山前的海拔为10—50米的冲积洪积倾斜平原，海拔在10米以下的洪积冲积平原和冲积平原，海拔在5米以下的冲积、海积低平原，海拔在1—3米海积低平原；洼地主要为扇前洼地和平原蝶形洼地，还有沿古河道发育洼地；滩涂分布于海岸带特大高潮线以下的地区。总体上，西面从武清区永定河冲积扇尾部向东缓缓倾斜；南面从静海区南运河大堤向海河河口渐渐降低，形成北高南低、西高东低的形态。最高处为蓟州区九山顶，海拔1078.5米，最低处为滨海新区的大沽口，海拔为-2米。海拔高度低于5米的土地面积约占全市总面积的80%。

提到天津，人们习惯上说，天津设城建卫六百多年了，好像我们这座城市的历史很短。城市的发展离不开地质背景，当人们喜欢从文化的角度去思考城市的演变和未来的发展的时候。笔者则从科学的视角出发，告诉人们有关天津的另一面：天津到底多少岁。

曾经有一种说法，天津乃为退海之地。其实这句话只说对了一部分。因为它概括的是1万年以来天津平原成陆的情形。那么，在1万年以前，如 10 万年、100 万年甚至 1 亿年前,天津这块陆地又是如何变化的呢,恐怕并不是每个人都能够说清楚。从 20 世纪 20 年代开始,国内外的许多科学工作者,曾多次在天津这片土地上进行研究。他们利用地震、化探、钻井甚至 GPS 等多种技术手段,多角度、多侧面、多层次地进行了调查活动,并对取得的数据和资料进行综合分析,从而逐渐揭开了天津地下世界的奥秘。

科学工作者指出,天津陆地形成足有 26 亿年的历史了,能够提供佐证的,是在蓟州北部发现的迄今为止最为古老的结晶岩块,就是太古宙时期形成的片麻岩。根据地层学、地磁学、古生物学、同位素学等综合研究,天津陆地的形成经历了大约六个历史阶段。

图 1-1　蓟州太古宙片麻岩

第一,约 19 亿至 8 亿年前这一时期,天津长期为海洋所覆盖,地壳比较稳定,接受了巨厚(近万米)的石灰岩、砂岩和粘土层沉积。

第二,8 亿年至 4.6 亿年前,发生海退并使地壳逐渐抬升隆起。

第三,4.6 亿年至 3 亿年前,地壳下降并重新处于浅海沉积环境。

第四，3 亿至 1 亿年前，海洋多次进退，并长时期处于海洋、湖泊、沼泽交替变化的环境中。

第五，1 亿年前开始，北部经历“燕山运动”后，地壳继续隆起，并伴有火成岩侵入，形成了低山丘陵为主的燕山山脉和以盘山为主的花岗侵入岩山体；南部形成了北东方向延伸的平行岭谷，并形成了古潜山和古湖盆。

第六，从 7 千万年前的新生代开始，北部山区继续隆起，形成了壮丽的山峰；南部则持续下降，形成了大面积的沼泽和湖泊。岁月的沧桑使平原堆积了数百米至五六千米不等的松散沉积物，形成了大面积的低洼平原。

第四纪中更新世（70 万年前）以后，南部平原多次发生海侵。一直到 1 万年前，最后一次冰期结束后，海洋向东退却，形成了天津平原。

图 1–2　地热钻机

神秘的地下世界

去过天津北部山区的人都知道，蓟州有高山、有峡谷，还有溶洞和山泉。其实，天津平原之下同样如此，只不过我们不能直接感受而已。调查表明，在平原之下，自西北向东南，依次分布着北东走向的冀中坳陷、沧县隆起和黄骅坳陷。市中心区深处约千米左右，正处于隆起部位。所谓隆起其实就地下的山脉，这条山脉向南进入河北境内，向北则与燕山山脉相连。隆起之上又有许多座地下山丘和盆地（其中规模较大的如双窑凸起、小韩庄凸起和大东庄凸起和如白塘口凹陷），其中有的山峰从山脚到山顶，其落差足有三四千米，相当于天津最高峰——九山顶的好几倍呢！据报载，蓟州气鼓山上发现了华北最大的溶洞群，其面积足有百万平方米。其实，在天津平原深处同样分布着许多溶洞和地下暗河，其规模较气鼓山溶洞有过之而无不及。溶洞是石灰岩在地下水溶蚀作用下形成的。天津深部的温泉（地热）差不多都储存在这些溶洞里。天津石化厂宝坻水源地，也以溶洞非常发育的奥陶系灰岩为主要含水层。20 世纪 70 年代，在这些地区曾经打出了许多自流井，这些井就像山泉一样从溶洞和暗河深处喷涌而出。直到今天，还以每天 7 万立方米的流量输往化纤厂。地下世界的复杂性远不止这些。

在山区，我们往往能够发现飞来峰、天生桥、一线天等天然景观。这些在地下也非常多见。如一线天，它其实就是一种断裂带的表现形式。

图 1-3 雨痕石

天津平原之下，分布着17条成规模的断裂带。如最北部的许家台—蓟州山前断裂。它是南部平原与北部山地的交会点和分界点。还有一条分布在宝坻区城关以北的断裂带，人称宝坻断裂，它是一个重要的构造交汇点。其北盘地块上升，南盘地块下降，同时代的地层，被一刀两断，两盘错距可达千米。有趣的是，在海河之下与海河大致平行的方向上，潜伏着一条活动性断裂带，人们称之为海河断裂。据说，海河的形成和发展还要受海河断裂控制呢。

图 1-4 地质断层

天津平原之下，除人们熟知的温泉、矿泉和地下水之外，还是一座丰富的能源宝库！煤，被人们喻为黑色的金子。天津平原在古生代成煤时期，曾经是华北地区最重要沉降中心，因此形成了5000平方千米的“煤海”，全部煤炭储量预计在千亿吨以上。其中在浅部已探明的储量就有3.8亿吨。与煤伴生的还有煤层气，分布于西青区到静海区一带的沧县隆起的斜坡上和大港油田的港西地区古潜山构造带上。前者预测储量3300亿立方米，后者约37亿立方米。当您步入滨海新区南部大港境内，在盐滩、荒地之上，一台台“磕头机”（采油机）在不停地运动着，黑色的油龙从千米之下的含油盆地被抽取出来，经管道源源不断地流入了化工厂。石油和天然气是本市的优势矿产，分布在武清及滨海新区等地，仅大港油田天津矿区范围的第三系地层，就已探明储量多达1亿吨和350亿立方米。据计算，天津平原之下的煤海、热海、油海和气海，其潜在价值超过1千亿元。难怪许多外地人感叹：天津人真有福气！因为天津整座城市竟然坐落在聚宝盆上！

神奇的动物化石

早在20世纪30年代,科学家就得出天津平原为“退海之地”的结论。自20世纪50年代以来,地质、考古和古生物专家相继发现了珍贵的动物化石,如贝壳、古象、麋鹿、披毛犀等,进一步印证了天津的地质历史。

2001年5月,有关部门在蓟州陈各庄村发现一枚更新世晚期(大约3万年前)形成的、长1.2米的古菱齿象门齿化石,这是改革开放后本市发现的第六枚古象化石,引起了人们的广泛兴趣。

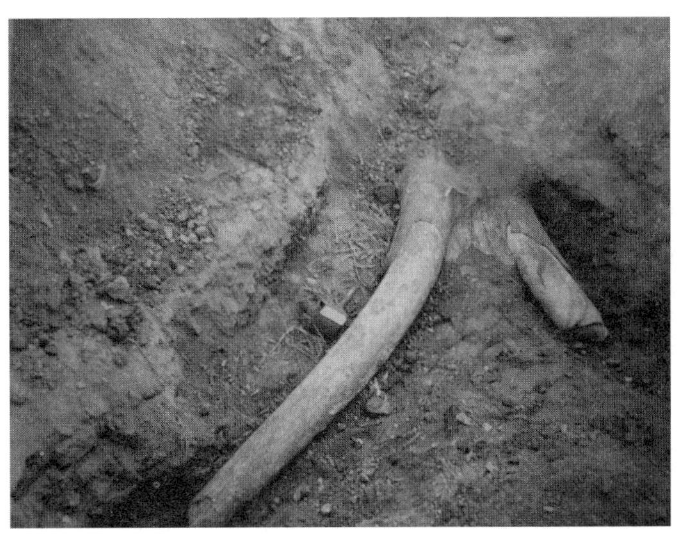

图1-5　1986年在蓟州白涧乡官善村发现的古菱齿象化石

象类在动物学上属长鼻目，是生活在热带、亚热带地域的哺乳动物。现今世界上只有非洲象和印度象两种，而且集中分布于非洲和南亚地区。但在地质历史上，象曾经历发生、发展和繁盛的时期，而且在欧、亚、美、非等广大地区均留下过足迹。

象类从第三纪始新世（约5000万年前）产生的始祖象开始，历经渐新世（约3800万年前）的古乳齿象、中新世（2600万年前）的乳齿象类、上新世（900万年前）的剑齿象几个阶段，到第四纪全新世（1万年前）演化成现代象（真象）。象类在进化过程中，身体由小到大，臼齿由少横脊变成多横脊，由低冠变成高冠，门齿（大牙）由小变大。

本市山前平原及南部广大地区，自第四纪（240万年前）以来，受全球大陆四次冰期和间冰期的交替影响，气候也相应发生过四次寒冷交替的韵律变化。冰期气候寒冷干燥，陆地面积扩大，土壤沙化严重；而间冰期气候温暖湿润，被子植物繁盛，草本植物发达，水草丰美，牛马成群，包括古象在内的哺乳动物从黄河一带向北扩张，最远处到达河北省北部，并成为生物界的主角。这种亚热带气候随着冰期的到来而结束，包括象类在内的许多哺乳动物或者死亡，或者迁徙。随着冰期、间冰期的交替，象类也数度轮回出现在天津平原，在天津市曾发现距今3万、10万、20万、70万年和200万年前的古象化石，这正是冰期和间冰期轮回出现的生动反映。

据葛洪的《神仙传》记载，麻姑曾经看到“东海三为桑田”，所以“沧海桑田”的成语流传至今。而在天津，2万年来竟然上演了沧海桑田的真实故事，披毛犀和鲸鱼化石诉说了这段惊心动魄的历史。

披毛犀是冻土地带的典型动物，与猛犸一样均为“北方动物群”的代表。然而，这一生物群竟然“下海”了。1979年，在天津原东郊区的陈塘庄（今属河西区）42米地下的上更新统地层，发现了完整的披毛犀下臼齿一枚。经有关部门测定，其生活年代约距今2万年左右。而在此之前的1963年和1970年，在渤海湾先后发现了两具几乎同时代的未经搬运的披毛犀骨骼化石。20 世纪 90 年代,在辽东、山东的渤海沿岸,又数度发现披毛犀的残骸。为什么披毛犀化石会在海里发现,为什么披毛犀化石完好如初?这些现象引起了科学家的思考。科学家将这些彼此孤立的化石结合起来进行了研究,得出的结论印证了著名地理学家竺可桢早先提出的研究成果,即有关华北平原和渤海湾沧海桑田的假说:在最近的一次大冰期(大理冰期),随着两极冰盖和山岳冰川的扩大,海面大幅度下降了 100—150 米,当时的渤海湾露出水面,并与华北平原、辽东和山东两个半岛连为一体,成为低平的湖泊沼泽,局部地区还伴有沙漠。这个沧海变桑田的过程一直到 1 万年前,随着全新世海侵的发生才逐渐结束。

与披毛犀相反,鲸鱼竟然"爬"上了陆地。大家也许记得,有一年在福建和海南省沿岸,相继发生两起鲸鱼死亡事件。其实,同样的故事,在数千年前的天津也发生过。1975 年,在今宝坻区黄庄村约一米深的地下,发现了一具较为完整的鲸鱼骨骼化石,经同位素年龄测定,距今约 5000 年左右。众所周知,鲸鱼是海洋生物,能够在距离海岸 50 千米的地方发现它的踪迹,说明了什么?科学家分析后认为:黄庄一带在数千年前曾经是一望无际的海洋(潮间带),并且气候温暖湿润,呈现出典型的亚热带海洋环境。从鲸鱼骨骼未经磨损的情况,科学家推测出以下结论:鲸鱼误入浅海搁浅后,其遗骸借助于潮汐作用离开了海水,停留在海岸边的高潮线上。后来,沧海变成了桑田,鲸鱼遗骸也就变成了未完全石化的化石了。

陆上生物"下海",海下生物"上陆",耐寒与喜热动物"并存",看似矛盾的现象,恰恰印证了一个道理:沧海可以变成桑田,桑田能够成为沧海。19 世纪天津地方史学家张焘在其《津门杂记》中依据贝壳化石对这一过程已有认识:"咸水沽,在城东南五十里,旧有蚌壳满地,深阔无涯,至今不朽。想昔日之海滨即在此无疑也。"

笔者曾在宁河县七里海,看到了一批"四不像"。据说是特地从国外引进来的。"四不像"也称麋鹿,是中国特有的一种鹿类。起源于 200 万前的更新世，生活在在华北及黄河流域广大地区，在三千多年前曾高度兴盛，19 世纪中叶最后一批麋鹿被劫掠到英国，从此，麋鹿在它的故乡灭绝了。

麋鹿喜欢在亚热带湖沼环境中生活。因为湖泊、沼泽和洼淀盛产香蒲、芦苇和其他耐盐植物，可以为麋鹿提供充足的食物来源。天津曾经是麋鹿的栖息地之一，数千年前，许多麋鹿在天津平原繁衍生息，这从已发现的麋鹿角化石可能得到确认。根据笔者掌握的资料，20 世纪 50 年代和 70 年代，在今宁河区田庄坨、赵学庄和西青区梨园头等地相继出土了大量的麋鹿角（化石），经^{14}C 测定，距今 2700—3000 年左右。

麋鹿外形独特，生性温顺，是弥足珍贵的动物，与大熊猫一样被喻为“活化石”。20 世纪 50 年代，英国动物学会曾经向我国赠送了几只麋鹿，使得糜鹿重新在故乡定居，并繁殖了后代，但由于离开故土时间久远，这批麋鹿已不适应野生环境，因此只得散养在北京南海子、江苏大丰和天津七里海，过着养尊处优的生活，目前其种群在不断扩大。看来，麋鹿回到野生状态下生活真不是一件容易的事。

康熙赐名永定河

河道得名，有的源于历史传说，如静海区西部有个钓台村，相传是姜太公（子牙）钓鱼的地方，故子牙河由此得名。有的与事物本身的某些特征相关联，如白河，《津门杂记》载："白河，即北运河。其源来自边外……两岸皆白沙，不生青草，故名。"而永定河得名，则是源于康熙帝御赐。

永定河，古称治水，上游即桑乾河。"源出山西太原之天池，伏流到朔州、马邑复出，汇众流，经直隶宣化之西宁，东南入宛平界，始名庐沟河，下汇凤河入海"，是海河的五大支流之一。《汉书·地理志》有"累头山，治水所出，东南至泉州（今武清区）入海"的记载。宋以前的历史典籍，以及诸如《水经注》等地理专著，均提到过治水。元朝到清初，永定河时常迁徙，故称无定河，并因其含沙量高，而有小黄河之名。还因"经大同合浑水东流，故又名浑河"。

图 1-6　《海河卷》书影

据《清史稿》记载，康熙三十七年（1698），"保定以南诸水与浑水汇流，势不能容"，造成严重的洪涝灾害。康熙皇帝亲临视察，并责成巡抚于成龙进行治理。于成龙采取"疏筑兼施"的方法,组织大批人力修筑堤埝,西"自良乡老君堂河口起,经固安北十里铺,永清东南朱家庄,会东安(今廊坊市安次区)狼城河,出霸州柳盆口三角淀,达西沽入海。河百四十五里,筑南北堤八十里",并由圣祖(康熙)"赐名永定"。

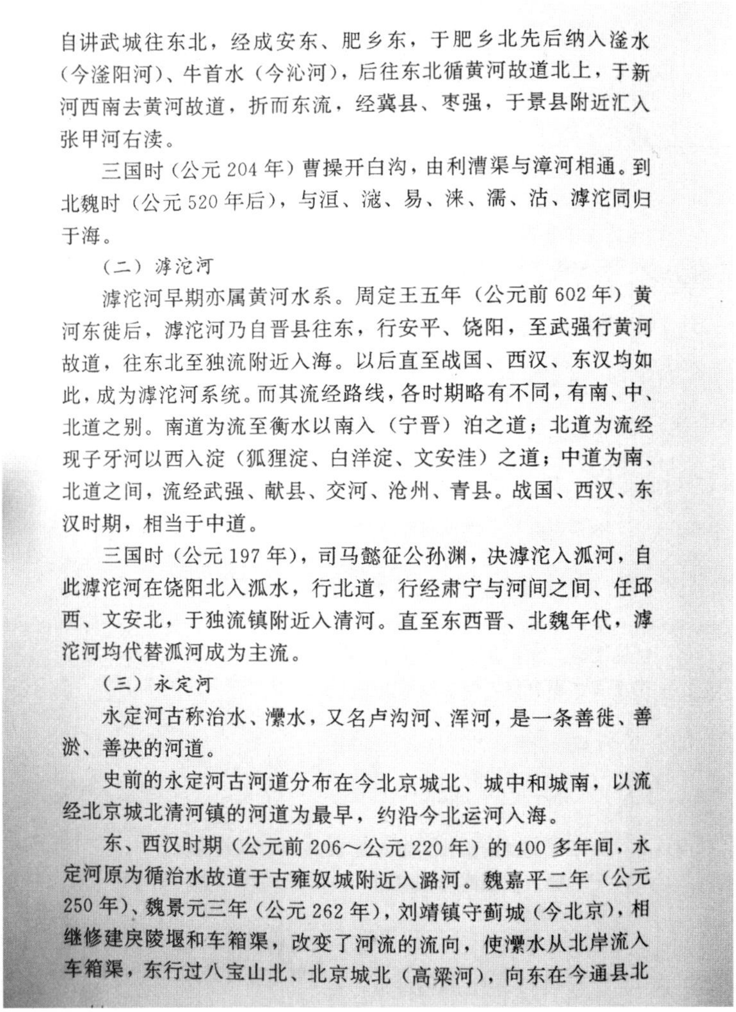

自讲武城往东北,经成安东、肥乡东,于肥乡北先后纳入滏水(今滏阳河)、牛首水(今沁河),后往东北循黄河故道北上,于新河西南去黄河故道,折而东流,经冀县、枣强,于景县附近汇入张甲河右渎。

三国时(公元204年)曹操开白沟,由利漕渠与漳河相通。到北魏时(公元520年后),与洹、滱、易、涞、濡、沽、滹沱同归于海。

(二)滹沱河

滹沱河早期亦属黄河水系。周定王五年(公元前602年)黄河东徙后,滹沱河乃自晋县往东,行安平、饶阳,至武强行黄河故道,往东北至独流附近入海。以后直至战国、西汉、东汉均如此,成为滹沱河系统。而其流经路线,各时期略有不同,有南、中、北道之别。南道为流至衡水以南入(宁晋)泊之道;北道为流经现子牙河以西入淀(狐狸淀、白洋淀、文安洼)之道;中道为南、北道之间,流经武强、献县、交河、沧州、青县。战国、西汉、东汉时期,相当于中道。

三国时(公元197年),司马懿征公孙渊,决滹沱入泒河,自此滹沱河在饶阳北入泒水,行北道,行经肃宁与河间之间、任邱西、文安北,于独流镇附近入清河。直至东西晋、北魏年代,滹沱河均代替泒河成为主流。

(三)永定河

永定河古称治水、漯水,又名卢沟河、浑河,是一条善徙、善淤、善决的河道。

史前的永定河古河道分布在今北京城北、城中和城南,以流经北京城北清河镇的河道为最早,约沿今北运河入海。

东、西汉时期(公元前206～公元220年)的400多年间,永定河原为循治水故道于古雍奴城附近入潞河。魏嘉平二年(公元250年)、魏景元三年(公元262年),刘靖镇守蓟城(今北京),相继修建戾陵堰和车箱渠,改变了河流的流向,使漯水从北岸流入车箱渠,东行过八宝山北、北京城北(高粱河),向东在今通县北

图1-7 《海河卷》海河支流的记载

但限于当时的技术经济条件,永定河并没有像人们所希望的那样永保安澜。根据史料记载,清朝中后期到20世纪的二三十年代,位于永定

河“南北遥堤”之间的几个乡镇，包括黄花店、石各庄、豆张庄、陈嘴等地，一直被称作四十里淤泥地，并常因永定河泛滥而使这些地方的村民迁徙无定。这种现象，当地称之为“走浑河”。一直到20世纪50年代，由于永定河上游陆续修建了数十座水库，并在下游开挖了减水河，从此才结束了洪水的威胁，“走浑河”的日子也因之一去不复返了。

消失的天津古水面

津门一地,不是江南却胜似江南。有诗为证:“水漫东西淀,春生大小沽”“十里鱼盐新泽国,二分烟月小扬州”。可见,天津的水乡特色非同一般。然近百年来,天津城的水环境发生了巨大变化,突出一点就是古水面的消失,足令天津的水乡风貌减色不少。

天津城的古水面,包括古洼淀、古河道和古水坑三个部分。

古洼淀,计有塌河淀、三角淀、王顶堤北洼三处。塌河淀,“在城东北四十里(今宜兴埠北侧),俗传前代塌陷为淀”。20 世纪 20 年代,其面积为 230 平方千米。30 年代初辟为永定河放淤区,年放淤量都在 1000 万立方米左右,至 40 年代中期变成沃野。三角淀,又称苇淀,原位于天津市区西北子牙河、北运河之间,向西穿北辰区到武清区西部,“周回二百里”。1751 年,修筑永定河南北遥堤,三角淀被圄于两堤之间,在放淤散沙的作用下,20 世纪初全部变为田畴。“苇淀茫茫何处泊,一灯明处有渔村”的景象,便成了天津人的永久回忆。王顶堤北洼,是数千年前由河流冲刷形成的洼淀,历史上曾为南运河尾闾,解放初期,洼淀大部分被填垫,现天拖一带均为当年的滞洪区。

古河道有九条。其中 20 世纪前 30 年之间填埋的有大清河、西大湾、老三岔河口等六条古河道,总长 24 千米。其原因是三十年间,对海河实施了六次裁弯工程,上述大部分河道因此而遭废弃。20 世纪 50 年代,为整治河道环境,又先后将赤龙河、金钟河和墙子河填埋。赤龙河,据《津门事迹纪实见闻录》载:“出龙河,在县南二十里许,俗传古有龙出,故名。今名为赤龙河”。位于今南门外大街以西。1950 年在城区 1.68 千米的河道内修筑排水干管后填埋。金钟河原为海河支脉,由海河东岸起通北塘入海。曾是集灌溉、航运、排沥功能为一体的重要河道。1953 年,城区段河道改建为 4 千米长的马路(今金钟河大街)。墙子河,又称濠墙,据《津门杂记》载,系咸丰十年(1860)由统兵大臣僧格林沁为防御太平军所建。“围长三十六里”。海河以北属北半环,20 世纪初废止,南半环部分河段,1970 年建地铁时被占用,填埋后则改造成马路(即南京路),残余河段成为津河的一部分。

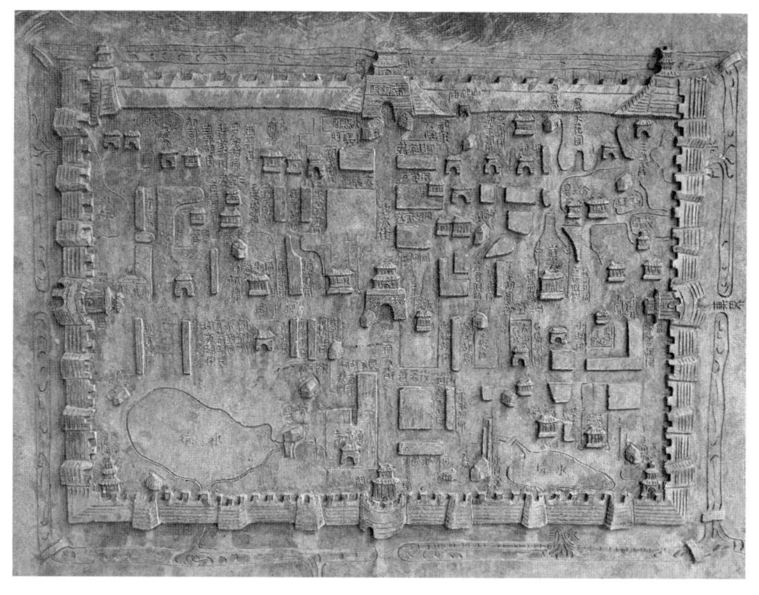

图 1-8 天津老城厢水坑

天津的古水坑多达二百余个,除劝业场一带的古沼泽外,多系人工开挖而成。其中在“老城四隅及县署东各一”。位于老城东南的“水月池”曾与海河相通。其余四坑均为死水并为污水所湮。四方坑,又称蓄水池,是天津解放前有名的臭水坑,面积为各坑之最,达 130 亩,1952 年,改建为南开公园。其余大小水坑多为天津解放后逐年堆填而消逝。海光寺一带水面,刘云若称之为“海光湖”。1928年夏季,在《北洋画报》社长冯武越倡议下,刘云若、王小隐、许豪斋、王庾生、张聊公、王镂冰、李惠川、朱雪琦等新闻界、文化界知名学者,泛舟“海光湖”。他们或垂钓,或吟诗,或吹笛、或唱戏,一时传为美谈。王小隐有《海光寺口占》:“此际居然别有天,维杨烟月鉴湖船。声声玉笛江乡晚,不让东坡五百年。”

图1–9 《北洋画报》刊载的青龙潭(今水上公园)游泳者

值得提及的是本市八里台一带的古水面。一直到20世纪二三十年代,还曾是洼淀广布、芦苇丛生、野鸟云集的地方。每至盛夏,“荡舟者辄夜泊乘凉于此”。尤其是南开大学建校后,每逢中秋、重阳等重要节日,以严修、李琴湘为首的文人雅士都喜欢到此泛舟,一边诗酒唱和,一边领略美景,留下了许多传扬后世的名篇佳作。如城南诗社成员张玉裁写于1926年的《八月六日严范师招游八里台舟中赋呈》诗:“九曲清溪共泛舟,诗心直与水争流。樽前陵谷年年异,花外坡塘事事幽。此去城南才八里,同寻野色为中秋。枯荷折苇波如镜,输与先生取次游。”读其诗,八里台水乡野景尽在画中。

海河干流的形成与变迁

海河干流现以金钢桥为起点，向东延伸到海河闸为止，全长 72 千米，主要为大清河入海尾闾（兼泄北运河、永定河、南运河、子牙河少量洪水），原为潮汐河道，1958 年建设海河闸后，成为集泄洪、防潮、蓄淡、排沥为一体的多功能的河道。

岁月悠悠，沧海桑田。海河自形成至今已有 3000 年的历史了。受地质、地理及人为多重因素的影响，其形成大致分为两个阶段：3000 年前的商周时期至 1700 年前曹魏时期，为孕育和形成阶段；从 1700 年前至今为巩固和迁变阶段。

海河的形成、迁变与黄河有着密切关系。约 5000 年前，因天津市区一带为浅海，故海河干流还没有出现。随着海洋的稳定后退，尤其是黄河的冲积作用，约在 3000 年前，作为泒河（沙河）尾闾的海河干流才逐渐露出端倪。历史上黄河曾经三次在天津及附近入海，第一次约在商周时期（3000 年前），至公元前 602 年迁离；第二次是在西汉，公元前 109 年至公元 11 年，在天津南章武县（今黄骅市境内歧口）；第三次是北宋和南宋时期，即公元 1048 至 1194 年的泥沽海口。黄河具有“善淤、善决、善徙”的特点，历史上年均输沙量为 13 亿吨左右，若将其铺成 1 米厚的陆地足有 130 万亩，从张贵庄到军粮城，再由军粮城到塘沽，这一宽达数十公里的地域均为黄河的杰作。由于黄河冲积造陆，泒河尾闾亦随之向东跟进。

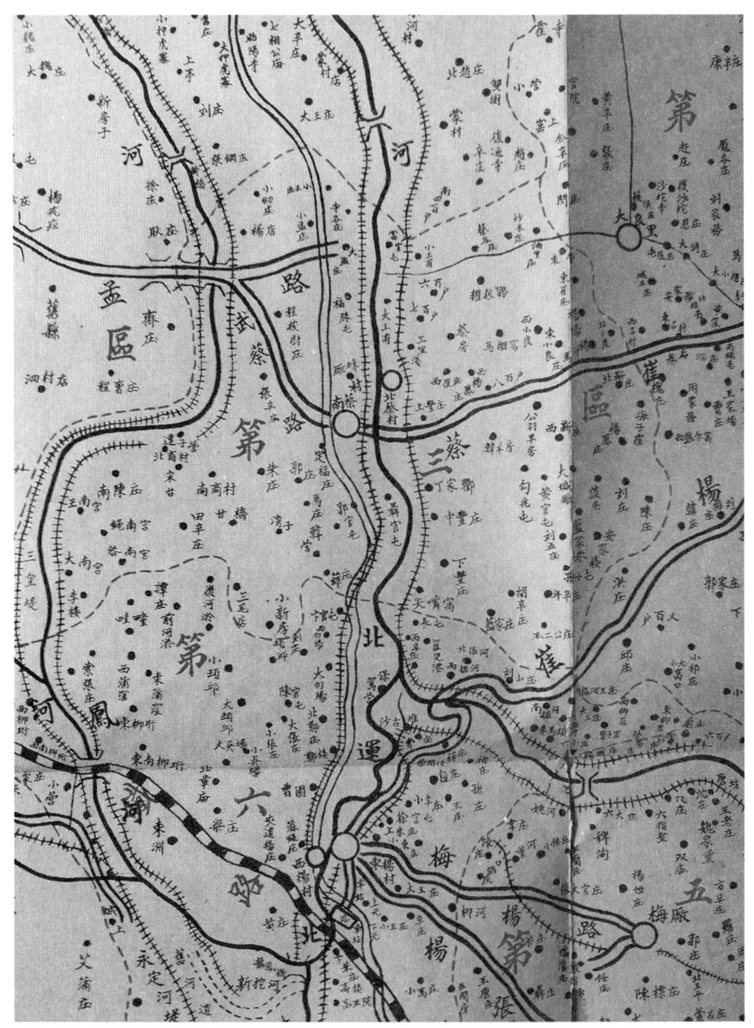

图 1-10　海河支流之一的北运河地图(1939 年版《武清县全图》笔者藏)

大约在公元 206 年(建安十一年),曹操为统一北方战争的需要,在天津开凿了平虏渠(沟通滹沱河与泒河)、泉州渠(引滹沱水入鲍邱水),自此,“清、淇、漳、洹、滱、易、涞、濡、沽、滹沱同归入海”(《水经注》),海河干流及海河水系正式形成。公元 608 年(隋大业四年),开凿永济渠(大运河),使一度与海河干流失去联系的白河、永定河重新沟通,巩固了海河水系,使海河干流成为众多支流的交汇点和入海渠道。明清时期,黄河南迁后再也没有北上，故其影响完全消失。海河干流从此稳定下来。“潞河澄澈卫河浑，二水交流下海门”是这一时期海河景象的真实写照。20世纪初曾经进行数次裁弯取直工程，调整了海河干流的走向，提高了泄洪的能力。所以，海河从孕育到形成，再经过无数次的迁变，才逐渐形成现状，而这一过程足有3000年的历史了。

图1-11 天津市武清区萧太后运粮河上的汉百户古桥基址

海河水系及海河干流的形成，除地理和人为因素外，地质条件是起决定作用的一个根本原因。据分析，天津平原作为华北平原的组成部分，自200万年前的第四纪以来，处于稳定下沉的过程中，并且一直是华北地区的沉降中心之一。能够提供佐证的，是天津平原堆积形成的数百米厚的松散沉积物，由于地势低洼，致使组成海河水系上游的三百多条河道汇聚成几大支流，然后几大河流又分别在天津及附近入海。海河的形成还有一个因素，即受到“海河断裂”的控制。这条走向为北西向的张性、张扭性断裂，是在数千万年前的地史时期所形成的。根据卫星照片解释结果，该断裂为易县—霸县—塘沽断裂的东段，相对落差40—80米，断裂点在松散层之下，埋藏深度大约在1300—1600米，与海河大致平行，通过继承性沉积，影响并传导到覆盖在上部的松散层，并控制着海河走向，一直向东延伸进入渤海。

百川归海，万物朝宗。作为高品位的城市资源，海河辉煌，曾经造就了一座城市。早在元朝时起，海河便成为南北漕粮的重要通道，呈现出“晓日三汊口，连樯集万艘”的繁华景象。如今，天津人有一个共同的梦想：再过若干年，作为具有强大磁力的世界名河，海河一定会吸引来自世界各地人流、物流和信息流，一条具有经济、景观和文化活力的彩色长廊的再现，必将成为再创天津辉煌的一个引擎。

天津的牡蛎礁

在北京举行的第三十届国际地质大会期间(1996 年 8 月 4 日至 14 日),国外的一些地质界同行,对闻名遐迩的天津牡蛎礁进行了科学考察,并认为天津的牡蛎礁是世界上保护最好、最典型的地质遗迹。

牡蛎,是热带海洋生物,属介壳类软体动物。通常生活在河口附近,滨海内湾低潮线以下。在我国的南方,牡蛎很常见,而在北方的天津,则只是地质时期才出现过。

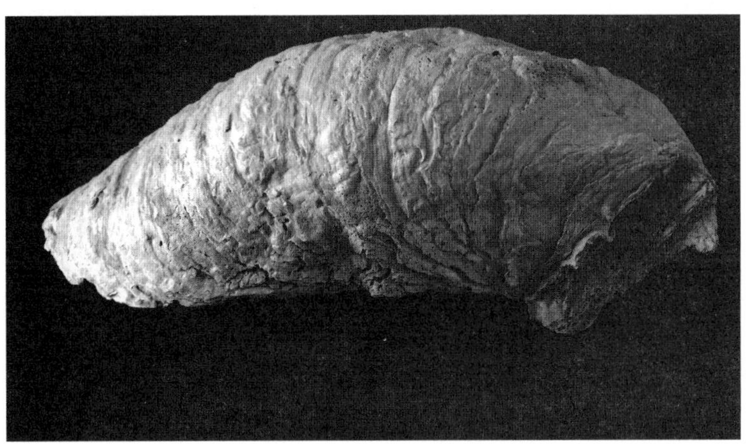

图 1-12　笔者收藏的古牡蛎标本背面

在宝坻区、宁河区境内,尤其是潮白河、蓟运河下游,地表以下 2—7 米左右,普遍分布着由牡蛎(又称古牡蛎)硬壳化石堆积而成的生物礁,科学家称为“牡蛎礁”，当地人称为“千层蛤”。

这种牡蛎礁是第四纪地质作用的产物，是天津独具特色的自然资源和自然景观，在北方堪称稀世之珍。理由很简单，首先是单个壳体个大体宽，已发现的古牡蛎，最长者近 60 厘米，宽有 30 厘米。这种牡蛎在北方从没有发现过。其次，牡蛎礁呈层状展布，具有规模大、分布广、层序清楚等特点，据调查，共 22 个点片，面积达 9930 公顷。其中宁河区俵口村分布的牡蛎礁礁宽达数公里，已挖掘部分距地表足有 7—8 米厚，这种规模的牡蛎礁在东部沿海具有更大的典型性。第三，原国家地矿部 1994 年曾复函，正式确认天津“古牡蛎”为非金属矿产资源，使天津成为唯一存在古牡蛎矿产的地区。第四，天津的古牡蛎与东部湿地、贝壳堤已一起正式列入国家级的“古海岸与湿地自然保护区”范围。连同“中上元古界国家级保护区”，使天津成为全国唯一的具有两个国家级地质类自然保护区的大城市。

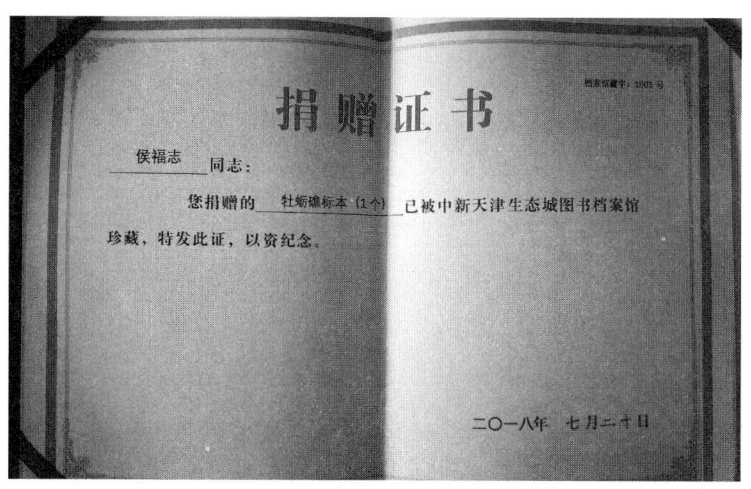

捐赠证书

侯福志 同志：

您捐赠的 牡蛎礁标本（1个） 已被中新天津生态城图书档案馆珍藏，特发此证，以资纪念。

二〇一八年 七月二十日

图 1-13　笔者捐赠古牡蛎的证书

天津的古牡蛎的真正意义在于它客观地记录了天津平原沧海桑田的变化过程，是研究古地理、古气候和海岸变迁的“天然博物馆”。据地质学家介绍，大约在 8000 年前，天津平原气候开始转暖，此时，距离大理冰期结束仅有 3000 多年。位于高山附近的冰川大量融化，雨水非常丰沛，海面持续上升。当时在今宝坻区南部、宁河区北部的大部分地区均为海水所淹没。在海滨河口，由于泥沙较少，水面波动平缓，气温适宜（当时气温在 18℃左右，较现今高 8℃），牡蛎大量生长繁殖，这一亚热带的自然景观持续约 2000 多年。在距今约 5000 年，由于黄河北上袭夺河口改道入津，使天津冲积造陆能力得到加强，历经数千年，形成了天津东部平原。加上后来气候变冷，牡蛎不适应变化了的地理和气候条件，逐渐死亡，其遗体硬壳堆积掩理起来，形成举世罕见的“牡蛎礁”。

古牡蛎除了它的科研价值外，本身还是一种用途广泛的矿物资源，可用于饲料工业、医药工业，并可作为天然矿肥使用。

地名里的自然之谜

在天津东部平原,有许多以“岭”“坨”“台”命名的村落名称,仔细推敲这些具有指向意义的地名,竟然发现其中隐藏了许多自然之谜。

在“天津市古海岸与湿地自然国家级自然保护区”的南部,分布着四道由蛤、蚶、蛏、螺等海洋生物的遗骸(贝壳)组成的沙堤,这些醒目的沙堤呈棕黄色、浅黄色,高1—3米,宽10—50米,长在5—30千米,与海岸线大致平行,南北向条带状展布。这些沙堤在地质学上称之为贝壳堤。所谓贝壳堤是指在地质、气候、生物条件诸多因素共同作用下,沿着平行海岸线方向形成的由生物体硬壳堆积的条带状地貌形态。它是平原地区独特的地质现象,记录着平原区沿海一带近万年来沧海桑田的变化过程,对研究环渤海地区的古海岸、古地理、古气候都具有重要的科学意义。

有趣的是,由于贝壳堤本身地势较高,加之长期的风化、剥蚀和人为分割,使贝壳堤多以岭、岑、丘、坨等地貌形态出现,故其附近出现了很多带有“岭”“岑”“坨”“台”等字的村落,如高沙岭、山岭子、白沙岭、邓岑子、杨岑子、荒草坨、欢坨、南坨、穆家台、郭家台等,它给本来单调的平原地貌平添了几分变化,给人以无限的想象空间。如果在地图上将这些村落用线条勾画连接的话,这些村落在空间上竟然呈条带状展布,并与贝壳堤展布方向一致。这种现象,一方面说明这些村落因贝壳堤而得名,是地形地貌在地名文化上的反映;反过来也说明这些村落具有很好的指向性,对于研究贝壳堤的走向具有一定的参考价值，揭示了大自然所蕴藏的奥秘。那么，这些地名究竟隐藏着哪些奥秘呢？

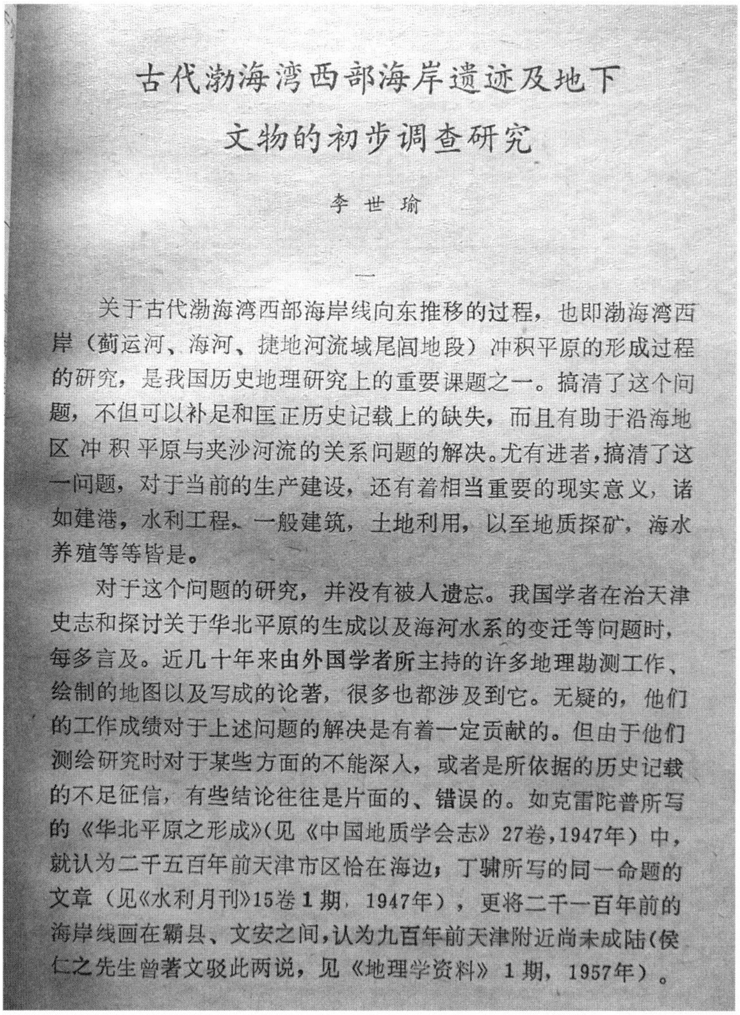

古代渤海湾西部海岸遗迹及地下文物的初步调查研究

李世瑜

一

关于古代渤海湾西部海岸线向东推移的过程，也即渤海湾西岸（蓟运河、海河、捷地河流域尾闾地段）冲积平原的形成过程的研究，是我国历史地理研究上的重要课题之一。搞清了这个问题，不但可以补足和匡正历史记载上的缺失，而且有助于沿海地区冲积平原与夹沙河流的关系问题的解决。尤有进者，搞清了这一问题，对于当前的生产建设，还有着相当重要的现实意义，诸如建港，水利工程、一般建筑，土地利用，以至地质探矿，海水养殖等等皆是。

对于这个问题的研究，并没有被人遗忘。我国学者在治天津史志和探讨关于华北平原的生成以及海河水系的变迁等问题时，每多言及。近几十年来由外国学者所主持的许多地理勘测工作、绘制的地图以及写成的论著，很多也都涉及到它。无疑的，他们的工作成绩对于上述问题的解决是有着一定贡献的。但由于他们测绘研究时对于某些方面的不能深入，或者是所依据的历史记载的不足征信，有些结论往往是片面的、错误的。如克雷陀普所写的《华北平原之形成》（见《中国地质学会志》27卷，1947年）中，就认为二千五百年前天津市区恰在海边；丁骕所写的同一命题的文章（见《水利月刊》15卷1期，1947年），更将二千一百年前的海岸线画在霸县、文安之间，认为九百年前天津附近尚未成陆（侯仁之先生曾著文驳此两说，见《地理学资料》1期，1957年）。

图 1-14　李世瑜有关贝壳堤的研究论文［转引自 1987 年版《天津史地知识》（一）］

在 1 万年前的全新世初期，地质史上的最后一次冰期——大理冰期结束，气候逐渐转暖，冰雪消融，雨水丰沛。当时天津市的海岸线与现今海岸线的位置大致相同，天津平原仍为陆相沉积环境。

距今 8000 年，处于热带、亚热带环境的天津平原，发生了一次规模巨大的海侵，使山区以南的整个平原变成汪洋。在停留大约2000年，开始发生海退，距今5000年左右，海岸线位置已退至今宝坻区里自沽—武清区南—静海区四小屯一线，又经近千年的潮汐作用，在4000年前形成第一道贝壳堤，这条贝壳堤高出现代海岸线5米，仅在邻近天津市滨海新区的河北省黄骅市苗庄有明显出露。

第二道贝壳堤形成于距今3800年至3000年前（约为夏商时期），由于气候转冷，加之华北平原多沙河流（如黄河、沽水）冲积造陆，使海岸线退至沙井子—巨葛庄—张贵庄一线。研究发现，第二道贝壳堤的高度在3米左右，比苗庄贝壳堤减低2米，这表明当时的海面的确下降了许多。

第三道贝壳堤形成于距今2500年至1400年前（约为战国时期至唐朝）。在这一时期，天津发生了两件具有重大意义的地理事件：一是从公元前602年开始至公元前10年，黄河改道途经天津入海，持续时间将近600年；二是西汉末年，东部、北部地区发生了一次短暂但范围较大的一次海进，形成冲积、海积交错沉积，使天津平原成为泽薮之地，洼地广布，泻湖成群。但由于黄河冲积造陆作用远远超过海进的影响，使海岸线仍退至歧口—上古林—邓岑子—军粮城—白沙岭一线，形成第三道贝壳堤。

第四道贝壳堤形成于距今800年前（宋朝以前）。公元1038年至1184年，黄河再度光顾津门，加速了海岸线的退却过程。到元明时期，海岸线基本稳定在马棚口—高沙岭—塘沽—蛏头沽一线，形成了第四道贝壳堤。

近年来，天津的贝壳堤，因其独特的研究价值而受到国内外学者的关注。而那些具有指向性的村落与贝壳堤一起，构成一道难得的亮丽风景线，成为天津市地质旅游的好去处。

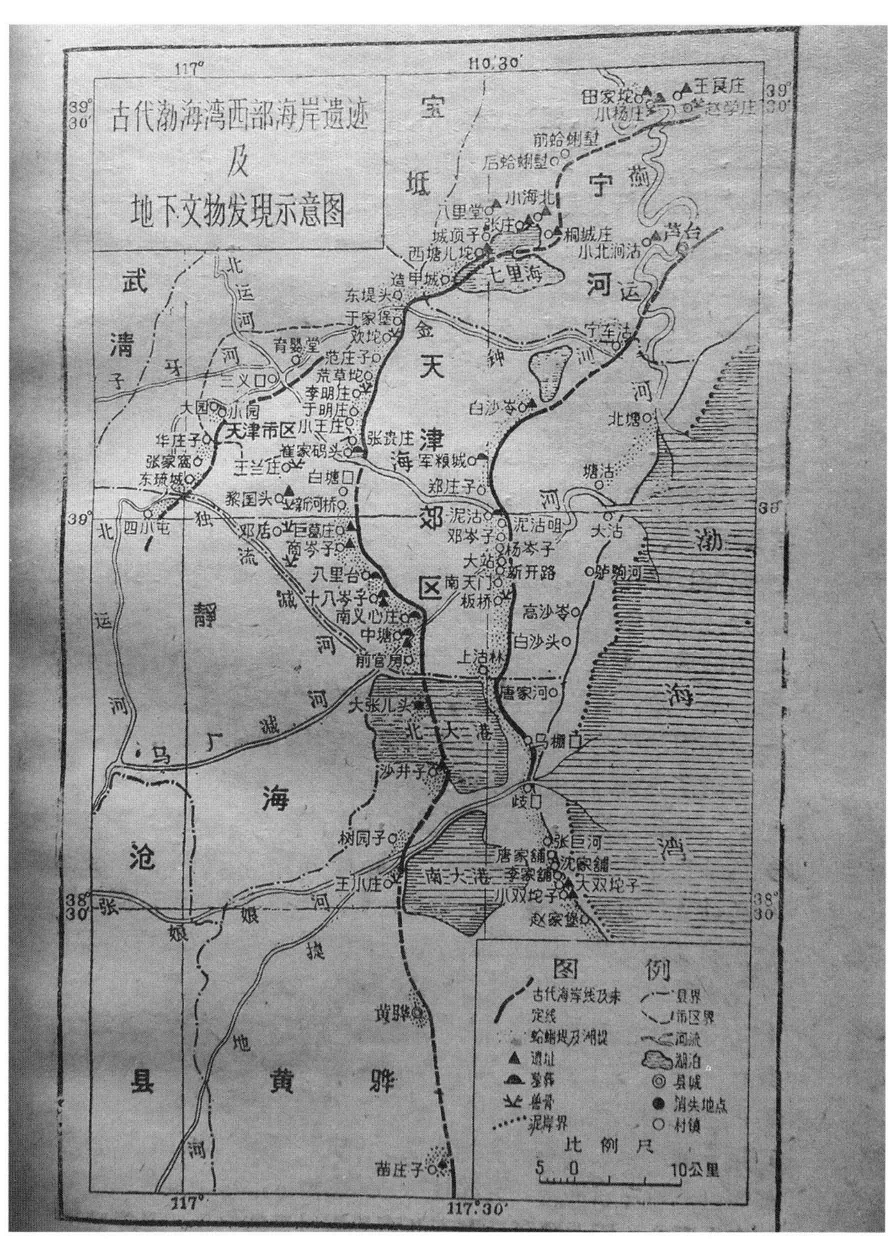

图 1-15　李世瑜绘制的古渤海湾变迁示意图[转引自 1987 年版《天津史地知识》(一)]

泻湖与古渤海的变迁

所谓泻湖,是指在河流冲积与海洋堆积作用下,使伸进陆地所形成的海湾,逐渐脱离海洋母体,并最终形成的近于封闭的洼地。

科学家告诉我们:天津古泻湖是渤海变迁的历史见证,它不仅见证过去,还将召示渤海的未来。

打开天津地图,您会发现一种有趣的现象:在天津东部滨海平原,与海岸线大致平行的方向上,自北向南分布着用蓝色调标示的十余个湖泊洼淀,科学家称其为古泻湖。这些以海或湖、港命名的古泻湖现大多已改建为水库,如高庄水库、七里海水库、北塘水库、黄港水库、官港水库、钱圈水库、北大港水库、沙井子水库等,它们像串联在一起珍珠,镶嵌在津沽大地,给单调的平原平添了许多亮色。

据科学家研究,天津的古泻湖萌生于5000年前,历时4000余年,在800年前左右才最终形成。它们本是古渤海的一部分,只是由于地质和气候等才最终脱离渤海而独立成为陆地水域。距今8000年前,天津经历了一次大规模的海侵,地质上称之为“天津海进”,在高峰时最西处直达白洋淀。在5000年前,由于古黄河和古海河水系多沙河流的冲积作用,天津平原连续发生了四个波次的海退,遗留下四道古海岸线(贝壳堤)。从距今3000前开始,黄河又一次北徙天津入海,加快了冲积造陆进程,导致第三个波次的海退过程,在今滨海一带的古泻湖初露端倪。但泻湖群

图 1-16　清光绪六年(1880)七里海地图(转引自清光绪年间《宁河县志》)

的演变并不是一帆风顺的,约 2000 年前的西汉末年,天津平原又一次遭遇到大规模的海侵过程,导致许多泻湖重新回到大海怀抱。但这个过程仅有几十年,海退后形成了“西至泉州、雍奴(包括武清、宝坻、宁河三地),东极于海的的所谓的雍奴薮(沼泽),其间分布着大小洼淀九十九个”。约 800 年前,由于黄河的再度洗礼,割断了古泻湖与古渤海的通道,使这些古泻湖大部分演变成了淡水湖,并逐渐远离了海洋。

古泻湖是古渤海的残留,那么,渤海将来会是什么样子的,它会不会消失呢?泻湖同样会给出我们结论。

图 1-17 天津古海岸与湿地自然保护区

其实要说明这个问题,除了从地质历史角度进行分析外,还应该从以下几个因素进行考虑。从物质来源上看,渤海的变迁,大江大河的冲积造陆作用是主要因素之一。注入渤海的河流包括海河、黄河、辽河等水系,这些河流的大多数为多沙性河流,仅黄河每年的输沙量就达 1 亿吨,而渤海的总贮水量为 2000 亿立方米,若照此计算,用不了 2000 年,渤海就将消失得无影无踪。但事情远非这么简单。气候也是渤海变化的另一个重要因素。仅在 1 万年前,北方还处于冰期,那时环渤海地区的气温普遍较今天低 4℃—6℃,渤海、黄海全为陆地。但是今天地球的气候有变暖趋势,于是部分科学家得出北方气候可能长时期处于高温状态的结论,但仍有部分科学家认为,在经历了大约 1 万年的间冰期之后,地球第五次大冰期将会来临。如果是这样的话,地球陆地会因冰盖面积和厚度的增加而使陆地流动水面骤减,那么渤海在不久的将来肯定会消失。当然,这里还有一个不可忽视的因素,就是地壳运动。地球始终处于运动变化的过程中,渤海亦不例外。按照地质力学的观点,渤海处于新华夏系华北沉降带,在七千万年的地质历史上,基本上处于下降状态,而且至今还在没有停止这个过程,因此,渤海的容量会随着时间的推移而逐年扩大,那么假设各河流注入的物质总量恒定在一定水平,渤海的消失过程不会仅仅局限在 2000 年以内,而是会更长。综上所述,渤海的变迁并不像我们想象的那样简单，而是受到多种条件的限制，因此，若对渤海未来的发展加以预测的话，笔者认为，以千年为尺度衡量，渤海将会呈现缓慢地缩小趋势，并且在其海退过程中留下众多的泻湖；若再从更大的尺度范围，如1万年进行衡量的话，渤海将不仅仅是消失的问题，而是一个缩小—消失—复生—扩大—再消失的循环往复的过程，泻湖也将伴随着这一过程而不断更生演变，这是一个动态的变化过程，它必定出现，科学的结论如此。

津沽芦苇荡

芦苇是草本植物,多生长在坑塘洼淀和盐碱荒地,具有保持水土、净化水质、调节气候的作用。同时,芦苇本身还是很好的生产和生活材料:苇叶是包粽子的原料,苇杆可用于建房、造纸。许多地方形成了以苇编为特色的手工产业。

图 1-18 七里海湿地芦苇景观

1 万年前,天津还是汪洋大海。后来发生了海退,在沧海变桑田的过程中,残留了许多古泻湖。同时,由于古黄河的作用,形成了一些冲积洼淀,故历史上天津有九十九淀之说。洼淀的存在为芦苇的生长提供了条件。

有关苇田的分布情况,历史上少有记载。天津各区曾先后发现大量的麋鹿角化石,据测定其年龄距今约 3000 年,而麋鹿的主要食物就是香蒲、芦苇等耐盐植物。可见,那时天津芦苇的分布是十分广泛的。在元朝,苇田开始见诸于诗文。涉及的地方除市区外,还有西青区、静海区、宁河区等。如元朝人傅若金的《直沽口》:"海戍沙为堡,人家苇织帘。"元朝文人揭傒斯《杨柳青谣》:"杨柳青青河水黄,河流两岸苇篱长。"清人查礼《历小园种花诸处》:"黄苇编篱白版扉,家家门外野花围。"清人梅成栋《游海光寺》:"萧萧芦荻疑风雨,满浦秋声抱一楼。"

图 1-19　宁河七里海湿地(古泻湖)

在百年前,天津苇田面积与水面一样,基本是稳定的。自 20 世纪以来,随着人类活动的增加,水面逐年减少,与水面伴生的苇田面积也相应缩小。据《天津农业图鉴》资料,1907 年时,苇田面积有 58 万亩,1990 年则仅有39万亩，减少了三分之一。现今，几乎所有平原地区均有苇田分布。其中宁河、武清及滨海新区的大港、塘沽等居前几位，都超过4万亩。苇田面积超过万亩的有武清区的大黄堡洼，宁河区的北淮淀、造甲城和大贾乡，滨海新区的北大港水库等。

荷花飘香、芦苇摇荡、渔船穿梭，曾经是天津平原独特的风景，许多苇田被列为“旅游名胜区”，天津有个苇甸（又名三角淀），“周回二百里”。清朝时曾列为天津八景之一。无名氏诗云：“苇甸茫茫何处泊，一灯明处有渔村。”静海区过去有个莲花淀（即北泊），也是静海八景之一。清朝进士高恒懋有诗句“芦花深处难回棹，一叶随风溯水流”。“宁沽樵影”曾被列为宁河八景之一，光绪《宁河县志》载：“邑西南有宁车沽，横袤广数十里，不能耕种，而长芦蔓草……”晚清宁河县举人郑国栋有诗句云：“宁沽直接海门潮，芦苇葱葱地可樵。”

三河岛的历史演变

据报载，为作好“海”字文章，天津启动了全国最大规模的城市围水（海）造陆工程，一座面积达50平方千米的人工半岛在2005年屹立于渤海之滨。其实在历史上，天津也曾进行围水造陆，三河岛便是明证。

三河岛，俗称炮台岛，是天津目前最大的人工岛。位于滨海新区北塘街北端、潮白新河、永定新河、蓟运河三河入海会流处（毗邻彩虹大桥），面积1.5公顷，周长563米；周围有潮滩环绕，面积约2.9公顷。三河岛最初是人工堆积的高地，据史载，明朝嘉靖二十九年（1550），为防止倭寇进犯，将蓟运河左岸面向海岸线一侧的低地和部分水面，填垫堆高并修筑了北营炮台，“台高五丈，设炮于上，严列兵甲以守之”，与右岸的南营炮台共同组成著名的北塘要塞。据光绪年间《宁河县志》记载，“北塘双垒”曾被列为宁河八景之一。乾隆时举人关上谋有诗曰：“览胜北塘口，荒台对峙高。两涯严锁钥，一线走波涛……”

清初期的百余年间，由于“海氛永息”“故海波之上竟为沃土”，所以，故垒虽存，但炮台日渐颓毁。到了道光二十年前后（1840），由于列强侵扰，清政府“设千总一员，统兵防守”，并在蛏头沽、青索子、海滩站各建炮台1座。次年，直隶总督讷尔经额在北塘“麻袋贮土，垒堆九层”，炮台之下，建土埝土坝。咸丰九年（1859），僧格林沁奉旨督办海防军务，用三合土和石子加固炮台。光绪年间采用碎石、白灰和米汤浇注的方法，修筑4

华北平原东部第四系海进

与冰期、间冰期的探讨

陈茅南

国家地质总局天津地质矿产研究所

第四纪地质研究室

一九七九年八月

图 1-20　地质学家陈茅南有关天津冰期的研究报告

尺多厚的水泥墙。经过历次修缮，使炮台岛形成了相当的规模。

到了 1900 年，八国联军进犯北塘，摧毁了整个炮台，但地基仍完好无损。此后的数十年，再没有进行重修。1973 年，为使洪水宣泄畅通，对蓟运河入海口进行拓宽，将壕沟、营房、弹药库以及营地四周的岸坡所干砌的石块等部分基址挖除，割断了主体部分与陆地之间的联系，但炮台基址其余部分则保留下来，形成了所谓的河心岛，即现在的三河岛。

三河岛是本市唯一列入国家岛屿名录的人工岛，具有优越的地理位置。因其位于河海交会处，视野开阔，景色独特，若恢复并加高炮台，便可以成为观潮观日出的良好场所。还由于岛上分布着人工堆填的三合土、杂土，区别于周围的盐碱土，故植被丰富，芦苇丛生，野鸟云集，具有适宜观光的良好的生态环境。同时，作为战争遗址，其本身具有悠久的历史和文化内涵，经历了中国近代史上的许多重大历史事件，因之具有重要的文物价值和史料价值，完全可以成为发展海洋经济，提升滨海新区旅游品位的新亮点。

值得注意的是，近年来，由于海浪、河流的冲刷作用，近岸部分多有坍塌，使三河岛的面积有缩小趋势，而碎石滩、泥沙滩面积则在扩大。所以规划并保护好这座具有开发价值的人工岛已成当务之急。

团泊洼的秋天

团泊洼是一座淡水湖,位于天津平原的正南部。诗人郭小川的一首《团泊洼的秋天》,使其闻名遐迩:

图 1-21　团泊湖温泉中心

蝉声消退了/多嘴的麻雀已不在房顶上吱喳/蛙声停息了/野性的独流减河也不再喧哗/大雁即将南去/秋凉刚刚在这里落脚/暑热还藏在好客的人家/秋天的团泊洼啊/好象在香甜的梦中睡傻/团泊洼的秋天啊/犹如少女一般羞羞答答。

图 1-22 连环画里的天津地热

有关团泊洼的历史，地质学家做过考察。据称，在约 8000 年前，天津平原经历了一次大范围的海侵，地质上称为"天津海进"，那时整个天津平原一片汪洋，成为古渤海的一部分。约 5000 年前，由于古黄河冲积造陆的影响，使天津平原连续发生四个波次的海退。在第一个波次的海退过程中，海岸线到达今静海县四小屯一带，此时的团泊洼由古海湾变成了古泻湖。后来，又经历了海侵和冲积等后期改造，使团泊洼一带变成了淡水湖。另据史料记载，宋朝时，为抵御辽兵进犯，从天津泥沽到西部河北的白洋淀一线，曾开挖沟渠数百里，将大小洼淀连通并形成一条东西向的水上屏障，团泊洼即为大宋"水上长城"的重要组成部分。站在团泊洼大堤上眺望，眼前的景象着实让人激动不已：远处一望无际的湖面，迷雾茫茫，天水一色。湖心岛时隐时现，渔民驾着小舟往来穿梭，若不是有人指点，仿佛置身于海市蜃楼一般。近处则是波光粼粼，芦苇丛生，野鸟云集。老船公介绍说，团泊洼总面积 6000 多公顷，其中水面 5100 公顷，储水总量 2 个亿，相当于杭州西湖的近 20 倍呢！自 20 世纪 70 年代改建为平原水库以来，由于生态环境的改善，这里居然成了野生动物的天堂。仅鸟类就有 160 多种。包括多种国家一二级保护鸟类，如白鹳、黑鹳、野鸭等。此外，这里还有着丰富的植物和其他动物资源。1995 年，团泊洼被列为市级鸟类自然保护区，并凭借其湿地、珍禽、候鸟、野生动植物生态系统的天然优势，成为天津市十大风景名胜区，被国内外旅游者誉为天津的“前花园”，成为人们观光游览的好去处。清朝奉天教谕高恒懋路过团泊洼时曾有诗云：“十里荷花面面秋，渔人指点向莲洲。芦花深处难回棹，一叶随风溯水流。”假若此公能够故地重游的话，如今这鱼米之乡欣欣向荣的景象，真不知会让他作何感想！

地质公园有看点

2001 年 12 月，经国土资源部批准，天津蓟州国家地质公园正式挂牌。该公园是在原“蓟县中上元古界自然保护区”的基础上扩建而成的。位于津围公路以东，以蓟州城关府君山为起点，往北到常州沟村附近的九山顶结束，面积 130 平方千米。专家称，蓟州国家地质公园有三大看点。

图 1-23　蓟州中上元古界地质剖面标志碑

飞来峰。在蓟州城北 2.5 千米处的府君山上有一座山峰,人们习惯上称为老鸹顶。它在岩性上与下伏岩体明显不同,而且是相隔数亿年的老地块覆压于新岩体之上,是典型的推覆作用产生的飞来峰。飞来峰的下伏岩体为青白口系灰岩和寒武系白云岩,地层年龄在 6 亿—8.5 亿年,其上覆地块则为古老的蓟县系灰岩,地层年龄在 12 亿年左右。

图 1-24　蓟州的小石林

古溶洞。共有 20 多个。它们像珍珠一样,镶嵌在蓟州的山水之间。比较著名的是洪水庄溶洞,据《每日新报》报道,其分布面积多达百万平方米,最大纵深达 200 多米,洞内分布着的钟乳石、壁流石、石笋等沉积构造,造型奇特、栩栩如生。其次是蜂窝洞、张家峪洞等。

地层剖面。地层厚度总计 9200 米,记录着 18 亿—8 亿年前近 10 亿年的地质历史,被誉为“大地史书”,包括中上元古界长城系、蓟县系、青白口系三个地层单位。具有岩层齐全、顶底清晰、构造简单、化石丰富的特点,被国际地学界公认为标准剖面。“蓟县剖面”是由著名地质学家高振西于 1931 年首先发现的。1984 年被国务院批准为国家级地质自然保护区。该剖面含有丰富的地学信息,是研究古地理、古生物、古气候的理想场所。

神秘的蓟州古溶洞

有关部门曾在天津市蓟州发现了长达数百米的古溶洞,引起了人们的广泛关注。据地质工作者调查,天津市北部低山、丘陵地区,共分布着大小溶洞30多个,其中超过5米长的溶洞20多个,给古老的蓟州大地平添了一道亮丽的风景。

图1-25　蓟州溶洞

蓟州溶洞具有如下特点:

第一,从成因上看,多数溶洞是在地史时期,由地质作用形成的。主要成因有风化剥蚀(盘山花岗岩风化后形成的溶洞属此类)和地下水溶蚀作用(碳酸盐岩形成的溶洞属此类)两种。人工形成的为数不多,目前已知的有两个,即位于下营岐山北侧的羊祖洞和五仙洞,它们是唐朝时期为开采金矿而开凿的。

第二,分布区域相对集中在两个地带。其一是在于桥水库南北两侧,北侧从下营往东至马伸桥一线周围。南侧以九百户为起点往东至西龙虎峪一线周围,大约 20 多个。其二是在盘山侵入岩体附近,有 11 个。

第三,发育地层主要是中上元古界蓟县系白云岩和白云质灰岩,地层出露面积 100 多平方千米。蓟县系地层出露范围与于桥水库两侧古洞集中分布范围基本吻合。如有关部门曾在于桥水库西北部洪水庄乡的气鼓山上,发现了迄今为止全市最大的的一座古溶洞。初步勘查表明,该洞长达 200 多米,洞内发育有造型奇特、栩栩如生的钟乳石、壁流石、石笋等化学沉积,极具旅游开发价值。中上元古界长城系地层中亦有发育,如深达 36 米的九龙山古溶洞。同时还有盘山花岗岩体,如白猿洞、八音洞、契真洞等。

第四,溶洞发育具有明显的层次性。山体顶部、中部洞穴规模相对较大,一般在 30—100 米,钟乳石、石笋等化学沉积相对丰富。如近年蜂窝洞(位于香果峪村,洞长 36 米)、张家峪洞(张家峪村西,洞深 70 米)等。山体中部以下至山脚,规模相对较小,一般小于 10 米。化学沉积较少,而砾石、黏土堆积较多。这种现象说明,地史时期气候条件、地下水条件在逐渐变化。山体顶部、中部古洞形成时间较早(第三纪时期),当时的地势较低,气候湿润、水源丰富,所以化学溶蚀作用强烈。反之,山腰至山脚部位的古洞,形成时间较晚(第四纪),气候比较干旱,地下水运动和溶蚀作用较弱。

第五,由溶蚀作用形成的古洞走向、规模受岩层裂隙影响。蓟州山区碳酸盐岩地层虽然较厚,但多为可溶性弱的白云岩或白云质灰岩,可溶性强的纯质灰岩很少,因此,纯粹由化学溶蚀作用控制的溶洞很少,多数沿层面裂隙或构造裂隙发育。

图 1-26　笔者考察蓟州地质博物馆

第六,蓟州很多溶洞曾经是古人类活动的场所。有的溶洞含有丰富的人类活动足迹和哺乳动物化石,而且多为原始状态,人为破坏较小,是地质考古的重要场所。如云摩洞,发现了百万年前的人类活动足迹;在蜂窝洞,发现了明代的石碑。位于盘山的契真洞,洞口镌刻"无量寿佛",洞内有高 2 米的浮雕坐佛,是天津市目前保留下来的的唯一的石窟。

目前,蓟州的许多古洞已得到开发利用,成为继盘山风景区、中上元古界国家级自然保护区之后,天津市地质旅游的新亮点。

石头竟然也有年轮

据报载，天津的地质学家根据对分布在蓟州的叠层石的研究，得出了13亿年前的地球公转周期为546—588天、自转周期为14.91—16.05个小时的结论。一时间，石头纪年的话题引起人们的兴趣。

图1-27　蓟州地质界限碑

众所周知，地球围绕自转轴自转一周的时间叫一天，围绕太阳公转一周的时间叫一年。由于地球自转轴与其轨道平面保持着66°33′的倾斜角,从而导致一年四季的更替。地球自转一天的时间为 24 个小时,公转一年的时间为 365 天,这是现阶段地球日历的基本情况。但在地质时期,地球自转与公转周期和现在是不一样的。早在 20 世纪的 60 年代,天文学家通过观测发现了这样一个规律,地球围绕太阳公转的时间基本上是恒定的,每年约为 8700 个小时,但由于地球自转速度减缓因素的影响,地球公转的天数和每天自转所需的小时数,均在发生变化。天文学家根据潮汐作用与地球运转速度的对应关系,计算出 6 亿年以来的各个地质时期每年的天数和每天的小时数:6 亿年前的寒武纪分别 425 天和 20. 8 小时,4 亿年前的志留纪为 399 天和 21. 6 小时,1. 35 亿年前的白垩纪为 377 天和 23. 5 小时。

有意思的是,天文学计算的结果与地质学家的研究成果几乎是一致的。地质学家发现,许多“石头”均有纪年的功能,除叠层石外,头足类、腹足类、腕足类的贝壳以及珊瑚等化石也都有记录时间的作用,这种能够纪年的石头,人们习惯上称为“石头钟”或“古生物钟”。

图 1-28　蓟州国家地质公园内的宇宙尘

那么,石头是如何记录时间信息的呢?

我们知道,一些生物体在生长过程中存在着昼夜变化和年际变化的特点,这些变化在躯体中以生长纹形式明显地表现出来,并最终以化石载体的形式将这些信息保留下来。比如,叠层石是藻类生物参与下形成的化石。藻类生物在光合作用下的生长能力极强,这样就使得藻类的生长纹存在着明显的昼夜差别。同理,由于一年四季光合作用的强弱不同,使得藻类的生长纹又存在着明显的季节变化。因此,只要我们计算出凝固在叠层石中的藻类生物的生长纹数目,就能够计算出当时每一年的天数。

珊瑚也是一种重要的石头钟。1963 年,有一位叫威尔斯的外国科学家,首次论证了珊瑚生长纹与时间的联系。他指出,珊瑚在生长过程中,每天都分泌碳酸钙以形成肉体的保护层(躯壳),但在白天和夏天分泌的物质远较夜间和冬天为多,这样,昼夜、年季形成的纹理厚度明显不一样(年季生长纹以凸出的横脊相区别)。他还根据这些厚薄相间的生长纹,计算出了古生代时期地球自转的周期和速度。

至于地球公转周期与自转周期变化的原因,天文学与地质学家几乎一致认为,是潮汐摩擦作用的结果,因为潮汐作用导致了地球自转速度减慢,从而使每昼夜的时间都在延长,这样在公转周期恒定的情况下,一年所包含的天数肯定要相应减少。由于潮汐作用还会持续下去,因此,这个趋势亦将延续下去。近年来,天文学和地质学的研究成果不断印证了上述结论。

人人都说“八仙”美

在天津北部蓟州，有一座闻名遐迩的“八仙山”，但在20世纪80年代以前，因山高路远、林深草密，人迹罕至，所以八仙山始终不为人识。后来，到过八仙山的人，无不为她那瑰丽的景色所陶醉。

图1-29　八仙山

八仙山，得名于神话传说。据史料记载，“八仙”跨海东渡，途中经行此处，被丛林深谷、玉嶂清溪、林海波涛所吸引，便不约而同驻足而下，并在山坡上一块巨石上饮酒休息,这块方石被称为“八仙桌子”,此山也遂之得名。

八仙山以林深佳秀、山奇水胜和山林野趣的自然特色而著称。真可谓步步有景,景景含情,令人目不暇接。据说八仙山有名的景致有十二处,典型之处计有:春季的“八仙品绿”,层林尽染、堆青叠翠;夏季的“银滩流碧”,飞瀑流泉,玉树生烟;秋季的“黄崖烟雨”,彩蝶飞舞,霜叶正红。最奇之处在于羊楼主峰,海拔 1052 米,状同竹笼,直达云端,故当地人习惯上称为蝈蝈笼子。每至夏秋,细雨霏霏,云山雾罩。登高远望:北面和西面有起伏的群山,弯延的长城;往东有金碧辉煌的清东陵,如影随形,时隐时现;南有一望无际的翠屏湖,上下天光,一碧万顷。

图 1-30　八仙山的“一线天构造”

八仙山不但风景优美,它还是北方动植物重要的基因库。1984 年,八仙山被列为国家级森林生态型自然保护区,其保护对象为天然次生落叶林生态环境、野地生动植物资源、生物物种基因库和于桥水库水源涵养地。保护区面积约为 1049 公顷,包括三个林区,即八仙山、黑水河、太平沟林区。拥有各类动植物 1000 余种,分属于 227 个科,791 种,其中世界濒危与国家重点保护的动植物 100 种。

山不在高,有仙则灵。如今,许多人为寻找胜境,从四面八方慕名而来,仅夏秋两季接待人数不下几十万,八仙山已成为京津地区重要的旅游胜地。

府君山上飞来峰

府君山又名崆峒山、无终山，还有翁同山等别称。蓟州有府君山广场、府君山公园，在地质学上，还有一类地层的名称，叫府君山组。这些名称全都来源于一座山——府君山。

图 1-31　府君山（地质博物馆）

府君山坐落于蓟州城关以北约 2.5 千米处，主峰高约 302 米，因处于燕山山脉与华北平原的地理分界位置，加之自然景色独特，人文历史悠久,伴随旅游业的发展,府君山受到愈来愈多的人们的关注。

府君山的自然遗迹别具一格。科学家们根据府君山地质遗迹的特点,将“府君山地质构造遗迹景区”纳入蓟州国家地质公园,成为其中的七大景区之一。该景区的主要特点是分布着许多地质构造界线,包括“中上元古界地层与古生界地层分界线”“中上元古界青白口系龙山组地层与井儿峪地层分界线”“燕山山脉与华北平原分界线”等。若站在山峰顶端南望,浩瀚的华北平原尽收眼底。康熙年间的《蓟州志》卷一曾载:“(府君山)形势峭峻,登眺一望,则边城野景尽在目中,乃附郭之奇观”。在古生界地层之上,您不留心便可能会一脚同时踩到间隔2亿年的地层。著名地质学家孙云铸曾根据这两套地层的不整合接触面,断言这里曾经发生过一次地壳运动,并命名为“蓟州运动”,这一学说被另一位地质学家王曰伦发现的大古油栉虫化石所证实。这里还有众多的飞来峰。如有一座被称为老鸹顶的山峰,其顶端在岩性上与下伏岩体明显不同,下伏岩体为青白口系灰岩和寒武系白云岩,地层年龄约在6亿至8.5亿年,其上覆地块则为古老的蓟县系灰岩,地层年龄在12亿年左右,而且是相隔数亿年的老地块覆压于新岩体之上(正常情况应该是新地层压在老地层之上),是典型的推覆作用产生的飞来峰。“飞来峰”现象是罕见的地质现象,具有重要的科研价格和旅游观赏价值,是自然旅游的绝好去处。

府君山还是人文荟萃的地方呢!相传府君山是四千年前黄帝向广成子问道的地方。据传说,广成子是一位道德高尚的人,他无所不知,无所不晓。曾在府君山向黄帝讲授过治国之道。后来,人们为纪念这位广成子,便在府君山上修建了广成子殿,后年久失修而损毁。嘉庆十五年(1800),知州赵锡蒲在原址重建广成子殿。《蓟州志》曾有一幅府君山图,清楚地标示着广成子殿的位置。府君山还有一则千岁狐的传说。据《长安客话》载,“《九州记》:无终山在古渔阳北,燕昭王葬其上。墓前有千岁狐,化为书生,谒张华,华识是狐,因以墓前的华表木照之,复变为狐而去。”

府君山优美的自然风光和丰富的文化积淀,吸引了南来北往的文人骚客,并因之留下了许多诗词佳构。唐朝诗人陈子昂曾有诗云:“北登蓟丘望,求古轩辕台。尚想广成子,遗迹白云隈。”清朝时天津诗人金玉冈有《初六日至蓟城登崆峒山》诗赞曰:“隐隐长河一线流,万峰到此各低头。我来绝顶青松下,闲与孤云自在游”。“崆峒积雪”曾在清时被称为蓟州八景之一,清朝时天津知县沈锐曾有《崆峒积雪》一诗传世。有趣的是,2003 年 11 月的一场大雪,曾经使府君山复现“崆峒积雪”景观,把个府君山装扮得分外妖娆:远望山舞银蛇,亭台楼阁掩映雪中;近看白雪压枝,男女老幼人流如织。苍茫壮阔的画卷,美不胜收。

古诗里的三角淀

天津素有“水乡泽国”的雅号，鼎盛之时曾有大小洼淀九十九个，西淀即为其中之一。许多老同志都知道杨柳青有个东淀，但听说过西淀人恐怕不多。“西淀烟迷处处蛙，小舟荡桨韵相斜，荷花雨里闲拓笛，吹得香风遍水洼。”这是嘉庆年间一位诗人泛舟西淀时吟咏的诗句。

西淀，又名苇淀，亦称三角淀。位于天津市区三岔河口以西，子牙河、北运河之间。《畿辅通志》记载说，西淀“先为巨侵”，其范围跨跃霸县、永清、东安(今廊坊市安次区)、武清、静海、大城、文安七县(区)。到清朝前期，其范围则局限在今市区西北部，西青区、北辰区和武清区南部，最西部在王庆坨和大范口，“周回二百余里”。

依地质工作者调查，西淀在5000年前开始发育，大约在西汉末年到东汉初年开始(距今约2000年)形成。系由海河水系冲积作用形成的。永定河、中亭河等“性浊凶悍”，数千年来迁徙无定，所挟泥沙沉积后将河床淤高，遇暴雨后决口改道，在高河床之间则形成洼淀。

西淀曾被誉为旧天津县八景之一。旧天津县知县张志奇有诗云：“弥漫野水集于舟，网得银鳞发棹讴。斜日微风吹过岸，一声声出白萍州。”其绰约风姿，迷人景色跃然纸上。最让人称奇的是西淀曾经出现的“海市蜃楼”的景观。《长安客话》记载“三角淀在县(武清)南，周回二百余里，即雍奴，旧有城池。据传每遇云雾朦胧，人们可见昔日城形四起，城

图 1-32 《一沤阁诗存》书影

门宛然。”1929 年重阳节,诗人张玉裁作《重九日由家回津舟抵三角淀感作》一诗,描述了作者对三角淀的印象:“雍奴水上浩无垠(淀为古雍奴水),日暮何从问水滨。巨浸汹汹吞钓艇,黑烟缕缕辨行轮(汽船往来不见踪迹,只有黑烟一缕弥漫太空而已)。饱尝艰苦成来往,偶狎凫鸥有主宾。老圃黄花天际树,回看应亦恼征人。”该诗为我们保留了民国时期三角淀的情况,是很难得的一则史料。

西淀形成后,一直为永定河、中亭河、玉带河诸河道“停蓄游衍”之所。发挥着储水防旱,蓄水防涝的重要水利功能。由于泥沙淤积,其范围逐渐缩小,到 20 世纪中期就销声匿迹了。从此,天津失去了一座天然的大水库,“雾连天上近,人在水中居”的秀丽景色也只能成为天津人的记忆了。

武清境内的北运河

北运河古称沽水、潞水，是大运河的重要组成部分。其形成、演变经历了很长的历史过程。

隋文帝杨坚统一中国后，为进一步巩固其对全国的统治，增强北方的防御力量，从隋文帝开皇四年(584)到公元隋炀帝大业六年(610)的二十余年的时间里，先后开凿了通济渠、永济渠，并重修了江南运河，形成了以洛阳为中心，北抵河北涿郡(北京)、南达浙江余杭的大运河。

金章宗泰和五年(1205)，改凿运河，引永济渠水由今独流镇北流，经三岔河口经武清到达通州。北运河(潞水)自此开始成为漕运要道，史称“潞水通漕”。元朝，忽必烈进入大都后，立即召见年仅31岁的水利专家郭守敬，听取他对修复大运河的意见，并任命他为“提举诸路河渠事”的“督水监”(相当于现在的水利部部长)。郭守敬经多次实地考察、测绘后，认为隋唐大运河的通济渠段因黄河多次改道已全线淤塞，恢复通航十分困难，于是大胆提出取直运河的想法，即甩开隋唐运河的通济渠段(徐州至洛阳段)，让大运河从徐州向北，经济宁至临清，再进入隋唐运河的永济渠段，航程可以缩短七八百里。元世祖忽必烈批准了这个方案，并很快加以实施，这样就形成了京杭大运河南北贯通的新时期，它北起通州，南迄杭州，全长1794千米。

京杭大运河天津段全长195.5千米，分为南、北运河两部分，流经天津武清、北辰、河北、南开、红桥、西青和静海七个区。南运河从位于天津静海区唐官屯的九宣闸进入天津，至市区三岔河口，与海河及北运河交汇。南、北运河汇入海河后经大沽口流入渤海，因此海河成为连接运河航运与海运的唯一通道。

北运河史上曾称沽水、潞水、白河，至明朝末清初始称北运河。它始于北京通州，终于天津三岔河口，全长 148 千米，流域面积 5300 平方千米。

北运河是武清区的母亲河，它从河西务镇大友垡村以东入境，一路南行，到黄庄街马家口村南出境，流程 62. 3 千米，纵穿武清区中部，流经河西务、下伍旗、大孟庄、大良、南蔡村、大碱厂、徐官屯、杨村、黄庄、下朱庄等 10 个街镇 291 个村。

1271—1912 年的元、明、清的约 640 年，是北运河航运业发展的极盛时期，运河沿岸设有多处粮仓，如北仓、南仓、仓廒以及河西务十四仓等地名，就是因其而得名。其中清代所建北仓廒有仓房 48 座，共 240 间，可储粮 40 万石，是天津地区最大的皇仓。

北运河两岸风景美丽，明代诗人笔下曾有“渡头昨夜生春水，杨柳垂垂荫正浓”之句。若行走在运河堤坝垂柳依依的小路上，昼夜流淌的运河两岸，一面是瓜果飘香的田园，一面是一望无际的青纱帐，这美景仿佛就是一幅水彩画。

明清时期，每到汛期，北运河上游洪水便借助地势疯狂下泄，北运河武清段往往会有多处决口。特别是杨村以北、筐儿港村以南这段运河，由于堤坝土质疏松，加之两岸地势低洼，每次洪峰下泄，都会导致决口，一方面给周边居民造成损害，另一方面直接影响通航。而大运河是南北经济动脉，因洪水断航会影响民生和稳定。所以，朝廷非常重视北运河的治理。

清康熙三十八年（1699）夏，杨村以北筐儿港东堤复又决口，淹没河东附近村庄四十多个，造成巨大损失。翌年春，康熙皇帝下令在决口处修筑一道长20丈的滚石坝，石坝之外开挖筐儿港引河，洪峰下泄至此，便从石坝顶上宣泄而出，经筐儿港引河东流，进入大黄堡洼，随之泄入七里海。洪峰过后，石坝安然无恙，水位稳定在可以通航的高度，不会影响航运。分洪坝建成后，运河两岸不再受洪水影响，民生稳定，经济得到恢复。康熙四十二年（1703）十月，康熙皇帝南巡回京途中，专门视察了这座分洪坝，并赋诗一首，题目为《看运河建坝处》："十月风霜幸潞河，隔林疏叶尽寒柯。岸边土薄难溶水，堤外沙沉易涨波。春末浅夫忙用力，秋深淋雨失时禾。往来踟蹰临渊叹，何惜分流建坝多。"

运河两岸老百姓感念皇恩浩荡，特意捐资为康熙皇帝立功德碑一通，并请康熙皇帝御笔题写碑文："导流济运。"（意为"导出洪峰、接济漕运"）御碑采用汉白玉雕刻而成，碑座是一个硕大的赑屃。御碑通高470厘米，宽110厘米，厚45厘米。御碑落成第二年，又建六角亭一座，行宫一处，成为北运河畔著名景观。

图1-33　武清区境内的筐儿港坝碑

雍正六年（1728），筐儿港分洪坝延长到60丈。乾隆二十九年（1764），乾隆皇帝巡视天津河道，返程时驻跸筐儿港行宫，当得知筐儿港一带河道有八里大弯、行船困难时，遂降旨将其裁弯调直，并在原有减水坝上修筑海漫。转年复来视察时赋诗一首，题目是《阅筐儿港减河水坝作》:“减河制诚善,日久注为坑。前度命修筑,今来阅接成。港春流则断,涨夏杀其盈。原始宣防意,本因一篑营。”乾隆三十二年(1767),乾隆皇帝再次巡幸筐儿港河堤,恩准设立治河御碑一通。碑的阳面镌刻着乾隆御笔“导流还济运”五个大字及上述题诗。民国早期,分洪石坝改建成钢筋水泥的八孔分洪闸。新中国成立后,八孔闸扩建成十一孔闸,增建了龙凤河穿越北运河的倒虹吸工程,使这里成为北运河重要的枢纽。进入21世纪,伴随着旅游业的发展,在筐儿港一带,建设了“北运河休闲驿站”,从此,北运河又多了一处名胜。

如今,筐儿港附近的原皇帝行宫、六角亭已无踪影,两通御碑一度被存放于原“杨村小世界”碑林,后移至于武清区博物馆内存放。前些年,武清区有关部门在修建运河公园时,在杨村雍阳桥北的运河东岸复建御碑亭一座,两通御碑亦原样复制存于亭内,成为游人浏览、观光的场所。

第二编

地理与风物

水上公园的前身是青龙潭

20世纪二三十年代,天津水上公园一带曾是洼淀广布、芦苇丛生、野鸟云集的地方。每至盛夏,“荡舟者辄夜泊乘凉于此”。尤其是南开大学建校后,每逢中秋、重阳等重要节日,以严修为首的文人雅士(多为城南

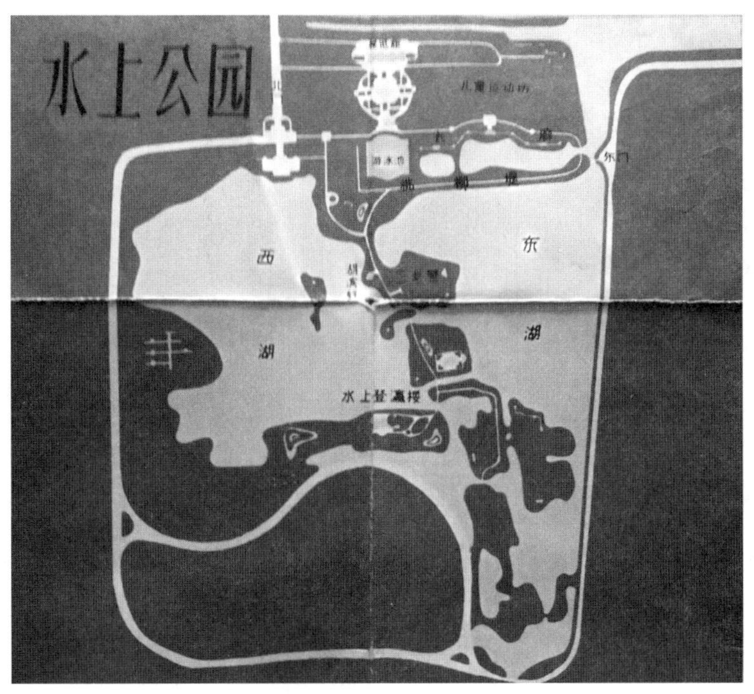

图2-1 20世纪80年代的水上公园导游图

诗社成员)都喜欢到此泛舟,一边诗酒唱和,一边领略美景,留下了许多传扬后世的名篇佳构。如城南诗社张玉裁写于1926年《八月六日严范师招游八里台舟中赋呈》诗:“九曲清溪共泛舟,诗心直与水争流。樽前陵谷年年异,花外坡塘事事幽。此去城闉才八里,同寻野色为中秋。枯荷折苇波如镜,输与先生取次游。”读其诗,八里台野景风光尽在画中。

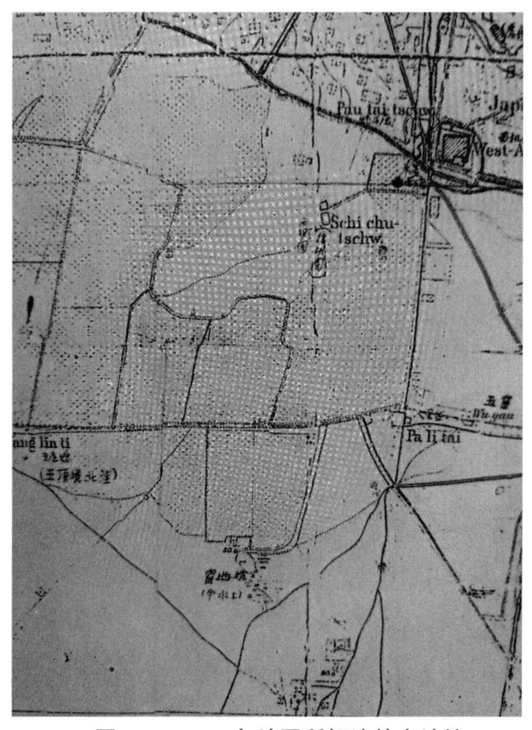

图2-2　1903年地图所标注的窑地坑(水上公园前身)地图

在1903年的天津地图上,今水上公园的位置被标记为“窑地坑”,显然是取土烧窑遗留下来的水坑。“窑地坑”四周有河道相连,其余为湿地和无边之旷野,除王家窑外,周边二三公里范围内并无其它村庄。

1931年7月23日出版的《北洋画报》刊有吴秋尘撰写的《青龙潭》一文,其中提到了这个“窑地坑”。据该文介绍,1920年前后,邻近南开大学有个水坑,人们习惯上称之为“南大坑”。从南大坑往南走约一里许,在“芦苇回环之端”,人们又发现一处新的水湾。这个水湾与一座旧砖窑相邻,水较“南大坑”益深且清。乡民在水湾中筑有一座小岛,用竹篱环绕,上面盖上席棚。席棚内设有茶社,备有藤椅、竹几等,供游人憩息。另备有冰激凌、汽水等,向游人兜售。岛前安装了伸入水中的巨木跳板,供游泳者使用。旁边还设有男女更衣室,有泳衣可供出租。据茶社主人介绍,“岛之南水深可五六丈,岛北稍浅,三四丈耳。向晚游舟云集,下水者亦颇不乏人。茶社悬白布大书“青龙潭”三字，于是水湾乃以茶社得名。在吴秋尘笔下，水湾、相邻的旧砖瓦窑以及这座小岛，形成了独有的景致，吸引了包括文人雅士及南大师生在内的广大游人的眼睛。

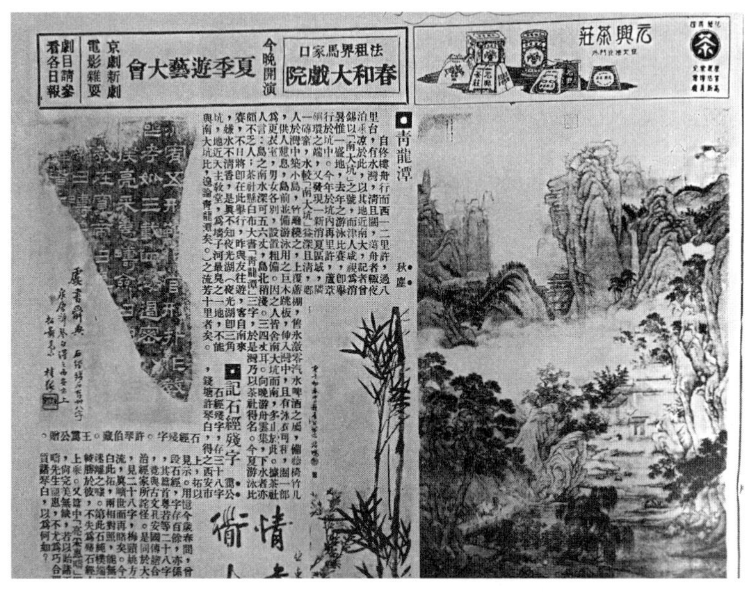

今晚開演

法租界馬家口

春和大戲院

夏季遊藝大會

京劇新劇

電影雜耍

劇目請參看各日報

元興茶莊

青龍潭

秋塵

記石經殘字

图 2-3 《北洋画报》刊载的青龙潭

20 世纪 40 年代，青龙潭一带的水面事实上已经成为天津的一处旅游胜地。1942 年 8 月 19 日出版的《369 画报》（第 16 卷 15 期）发表了李明的《青龙潭》一文，详细介绍了青龙潭一带的美丽景致，读来如临其境，美不胜收：“说到青龙潭的气派很够一气，处处青绿的田野，清脆的雀语。这潭可以一望见底，湖水澄清，水藻看去可仿佛森林，鱼虾在水中弓腰荷舞着，芦苇中野鸭清脆的叫着飞着，真使都会中人见了羡慕。堤上绿树成荫，蝉鸣鸟语，青蛙鼓舞。潭面上已被粉黛的荷花占据了一个大角落，深绿的叶子，粉红而丰满的荷花在绿叶陪衬之下显得妖艳之至，有如青春处女美。那含苞待放的荷花有如肥胖少妇，那丰润艳丽深绿的大莲子也在引诱你，你可随手牵羊似的采几颗莲花蓬，送给你的同伴。水面上一叶叶的扁舟荡漾其中。船桨拨水声，相偎依的情侣们乘船谈话声，形成了一种天然的音乐。空气中弥漫着野花绿草的清香，由微风轻轻地送入鼻孔里，令人沉醉。虽然是炎炎夏日，但感觉却十分凉爽，令你分不清是天上还是人间。倘若你驾临此地，自然而然的你就会唱出那种流行歌曲‘树上小鸟啼……我这里人间比天上’！”

在李明看来，“轻舟泛绿波，香荷满池塘”的青龙潭未经雕琢，纯然一道天然野景，较之经人工斧凿的北平昆明湖似乎更有味道，“此地虽然未加修整，任人游览享受，我们是可以深深地领略自然的美，实在是消夏的绝佳胜地”。

中华人民共和国成立不久，青龙潭被改建为水上公园，并于 1951 年 7 月落成开放。整个公园占地面积近 200 公顷，由三湖五岛组成，目前仍是天津市区规模最大的综合性公园。

运河边的古西沽

在九十多年前,天津有一批聚集在《北洋画报》的报人,每年都到西沽去观赏桃花,留下美文和诗词。1928 年 4 月 14 日,著名报人王小隐曾发表了《在西沽桃花树下去年旧游处》一诗:“武陵往事近何如,依旧香尘走钿车。仅此略同崔护意,偶然小别又年余。东风作意暖吹人,遽尔飘零减却春。我与芳菲两含笑,即今仍作一时新。清明微雨记山家,梦影追寻示有涯。但使心头长历历,不须重对艳阳花。”在诗人笔下,西沽就是津门的“桃花源”。

根据王小隐自注,所谓“旧游处”是指 1927 年 4 月该诗作者与《北洋画报》创办人冯武越等一行五人同游西沽的地方。翻阅 1927 年 4 月 20 日的《北洋画报》,笔者发现了一篇署名“喜晴”的作者所写的题为《花开了》的文章,记述了包括王小隐在内该报几位编辑游历西沽的过程。

“这一阵看花的潮声,可以算得是达于极点了。本月初十(即 1927 年 4 月 11 日)的那天,北洋画报同人们,约定了第二天到西沽看桃花去。”次日早晨,冯武越、王小隐、张聊公、赵道生、喜晴五人齐集到报社里面。考虑到路远,便叫了一辆汽车,带了一把暖壶和一些酒菜、面包等物,开始了一天的西沽之行。这一天,春风和煦,天清气朗。车子经由东马路、北马路,然后转到北门外,一直开到了北大关铁桥。过了铁桥,紧接着便到了河北大街上了。“街上车马拥挤不堪,有时还看见一队一队的军人,肩枪上刺，在道旁站着。”“大红桥被水冲倒之后，到如今还不曾修建好。还是用几只木船，缆在一处，这个桥梁，本地人叫做浮桥。名儿起得很恰当。不过这时水浅，桥梁的中部，凹在水里，车子在上面走过，危险得很。我们便下了车，让空车开到那边岸上。我们徒步走过桥去。”“过桥之后，上了车走不多远，便到了西沽。便带着很浓厚的乡村风味了。这旁的小孩子们，指指点点，大饶风趣。两旁的桃花，约有几千株，弄得艳丽非凡。这时大家都感觉到一种说不出的愉快。”车子开到一座亭子的外面，大家便下了车，开始了拍照活动。在这五个人中，大家的心情并不都很快乐。如冯武越，他的相机曾被无意中弄坏了，所以颇为懊丧。王小隐“新赋悼亡，人面桃花，顿成隔世。情何以堪。心里的抑郁悲伤，自不消提起”。张聊公“沧海曾经，也是牢骚满腹”。唯独赵道生（赵四小姐之弟、大华饭店经理）“兴高采烈的东跑跑西看看”。

经笔者考证，《花开了》一文作者“喜晴”，原名梅健民、梅健庵，别号“天行”“喜晴”，原籍福建省，是《北洋画报》的一位编辑，也是一位著名的戏剧评论家，曾著有《天行室剧谭》十余万言。

图 2-4 《津门保甲图》里的古西沽

高凌雯笔下的海光寺

偶翻闲书，在高凌雯先生的《刚训斋集（卷六）》里，笔者发现了一首名为《海光寺》的诗作，其诗文如下：

结寺高原上，四面水田碧。睿藻题海光，旧牓普陀易。湘南称大师，书画亦巨擘。帐殿赐衣紫，高座此桌锡。缁庐款名流，造膝无虚夕。衣钵远传留，诗僧不绝迹。雪笠与谨庵，犹能占一席。城居尘事嚣，无缘学面壁。出郭觅清旷，此最宜蹑屐。庚子战火殷，梵宇当霹雳。名蓝已荡平，遗址怃瓴甓。净土难再得，髦弃良可惜。

该诗以形象化语言，记述了海光寺的历史，涵盖的信息量很大。一是，指出了海光寺前身为普陀寺，当时“四面水田碧”。这从《天津游览志》记载中可以得到佐证：“海光寺，在天津县南五里，即今法租界老西开。清康熙四十四年（1705）建。初名普陀寺，四围植杨柳万余株。”二是，指出了寺庙住持为湘南大师，即成衡（湘南为其字）。湘南大师不仅精通书画，而且尤擅诗词，与名流、寺僧多有往还。三是，指出蓝理曾经负责督造海光寺，并开河引水灌田，从此海光寺一带有“蓝田”之誉。史载，康熙二十二年（1683），施琅任福建水师提督征伐台湾时，蓝理当时是前锋。谁能想到，这位曾久经沙场的将士，后来竟然镇守天津，并在海光寺一带开辟了这样一片水田。只可惜，庚子之役后，海光寺被毁损，日本侵略者在要道处设立了兵营（今中国人民解放军九八三医院）。从此蓝田毁弃荒芜，海光寺的水榭风光亦渐行渐远。

高凌雯是民国时期天津著名的教育家、地方史学者，曾参与创办官立中学堂、天津城南诗社和崇化学会，并著有《天津县新志》《志余随笔》《毡推记》《天津士族科名谱》《天津诗人小集》《刚训斋集》等著作。在清代，海光寺一带是津沽著名的风景区，因此文人骚客吟诵海光寺的作品并不稀奇。但进入民国后，由于海光寺毁损多年，有关海光寺的诗作也就很少了，所以高凌雯先生的这首《海光寺》更显得弥足珍贵。

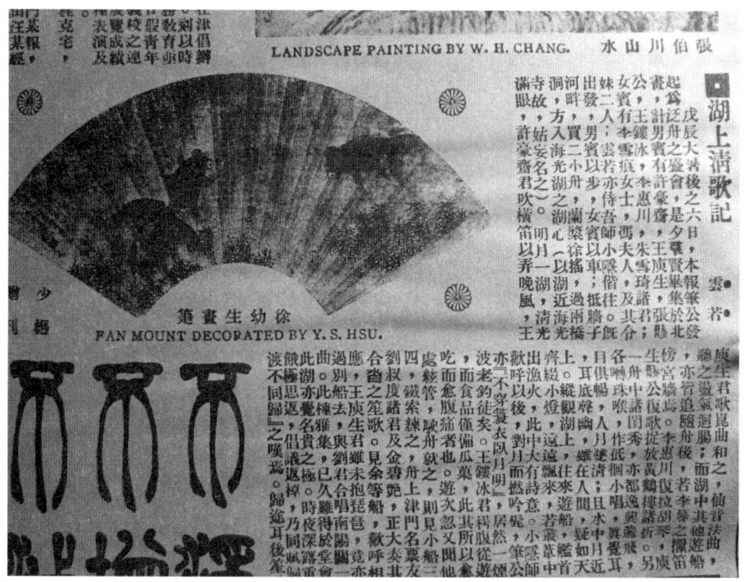

LANDSCAPE PAINTING BY W. H. CHANG. 張伯川山水

湖上清歌記

徐幼生畫箑

FAN MOUNT DECORATED BY Y. S. HSU.

图 2-5 《北洋画报》记载的海光湖

号称小江南的葛沽

翻开《津门诗钞》等诗集，津南区葛沽镇在清朝诗人笔下，往往有“小江南”之誉。

乾隆时期天津举人汪舟的《桐阴小筑·迎銮曲》：“葛沽旧号小江南，帝辇来游春又酣，红白桃花黄绿柳，无边佳景入琅函。”

乾隆时期天津诗人周焯的《卜砚山房诗钞·葛沽》：水车灌井疾于毂，少妇推犁健似男。莫讶此乡风景别，迩来何处不江南。”

嘉庆时期天津诗人崔旭《津门百咏》：“满林桃杏厌黄柑，紫蟹香粳饱食堪。最是海滨风味好，葛沽合号小江南。”

那么，葛沽缘何称作“小江南”？

笔者认为至少有两点原因：

一是由形成时的地貌条件决定的。葛沽是古渤海湾海退时形成的，能够提供佐证的是现存的贝壳堤。民国时葛沽人苏之銮的《星桥诗存》曾把贝壳堤列为“葛沽八景”，徐国枢有诗赞曰：“久将蜃市化为田，世变沧桑不计年。岸畔至今余蛤在，依稀点点结珠圆。”

贝壳堤是天津海退时遗留下的海岸线，呈南北向线状展布，高出地表2—3 米，宽达 100—200 米。迄今全市共发现四道贝壳堤，其中涉及津南区的有两道，即第二道、第三道。按照形成年代由近及远划分，第二道位于泥沽、邓岑子（位于葛沽镇西南部，属葛沽镇）一线，形成于距今 2500—

2300年。第三道位于巨葛庄、八里台一线，形成于距今3800年到3100年。葛沽位于第二道贝壳堤以东，推测成陆时间在宋朝（距今800年左右）。成陆后的葛沽一带毗邻沽水（即海河），沼泽遍野，水道纵横，洼淀广布，加之气候温湿，故杂草丛生，野鸟成群，堪比江南秀色。

图2-6 《天津湿地与古海岸遗迹》书影

二是由葛沽的开发史决定的。葛沽地处海河南岸，据《天津县志》载，宋时葛沽被置为军事据点（名为“鲛脐港铺”）并进行屯垦。元朝开通海运后，葛沽境内设有丰财盐场，并成为南北物流集散地。明朝万历二十六年（1598），天津海防巡抚汪应蛟在天津葛沽境内组织垦田种植，穿渠灌水，试种水稻，后陆续开发，逐步形成了以“求、仁、诚、足、愚、食、力、古、所、贵”命名的所谓“十字围”（即水稻种植区）。万历四十一年（1613），礼部尚书兼东阁大学士徐光启在津南一带垦植，其中在葛沽购置田产20顷，作“围田”种植水稻。水稻原本产自南方，“十字围”独具水乡风貌，作为鱼米之乡的葛沽不是江南而胜似江南。清代诗人华长卿《十字围》一诗云：“河水澄清红稻肥，田间燕子双双飞。葛沽遥接贺家口，土人相传十字围。”清代诗人樊彬亦有《十字围》一诗云：“水田漠漠连平芜，插秧远近秧马扶……南人漫说江南好，尝新亦有葛沽稻。”

一直到20世纪二三十年代，葛沽仍保留着江南水乡风貌。民国时期著名诗人冯文洵有“一棹菱歌唱五湖，鸡头米熟剥明珠。请尝小站营田稻，香味何如较葛沽”的诗句。苏之銮《小江南》一诗云：“地处津东入画堪，此间曾谓小江南。地流清浅珠联七，湾水萦回地绕三。春雨杏花红滴滴，秋风稻穗碧毛参。金陵风物看如许，莫笑诗人侈口谈。”读其诗，葛沽古镇如在画中。

老西开的自流温泉

1942年7月23日，北平出版的第289号《369画报》刊载了由姜贵媛撰写的名为《法租界自流井》的文章。据该文介绍，“虽说天津没有名胜，可是在六年前天津却也多了个奇迹。即便是天津人也多半尚不知道，这就是法租界教堂后五十七号路的自流井。”该文所说的57号路，就是位于今和平区的宝鸡道，因为这条路附近出现了自流井，所以57号路又多了一个颇为形象的名字——“喷井路”。据1936年5月份《大公报》所刊载的《津市唯一自流井开凿完竣成绩优良》一文，法租界当局为解决租界区内干净饮水问题，经由法工部局批准并出资，决定在老西开教

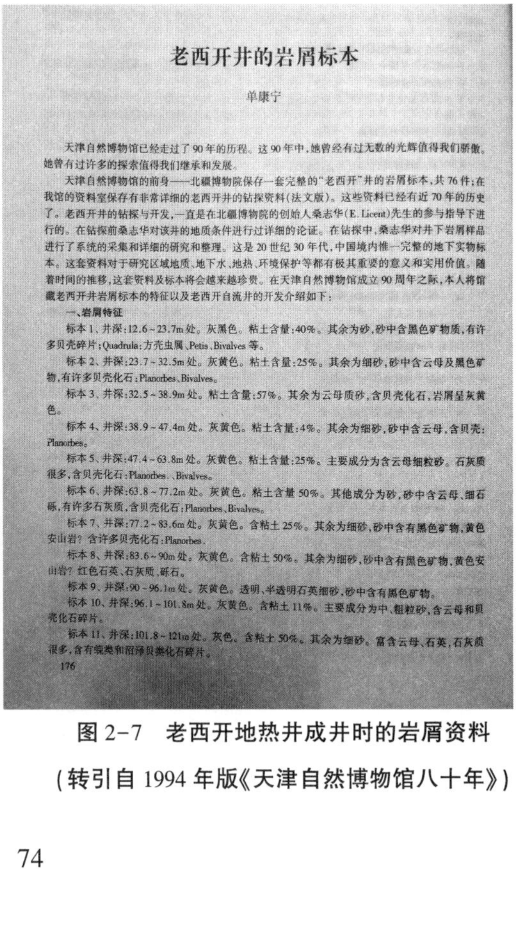

老西开井的岩屑标本

单康宁

天津自然博物馆已经走过了90年的历程。这90年中，她曾经有过无数的光辉值得我们骄傲。她曾有过许多的探索值得我们继承和发展。

天津自然博物馆的前身——北疆博物院保存一套完整的“老西开”井的岩屑标本，共76件；在我馆的资料室保存有非常详细的老西开井的钻探资料(法文版)。这些资料已经有近70年的历史了。老西开井的钻探与开发，一直是在北疆博物院的创始人桑志华(E. Licent)先生的参与指导下进行的。在钻探前桑志华对该井的地质条件进行过详细的论证。在钻探中，桑志华对井下岩屑样品进行了系统的采集和详细的研究和整理。这是20世纪30年代，中国境内惟一完整的地下实物标本。这套资料对于研究区域地质、地下水、地热、环境保护等都有极其重要的意义和实用价值。随着时间的推移，这套资料及标本将会越来越珍贵。在天津自然博物馆成立90周年之际，本人将馆藏老西开井岩屑标本的特征以及老西开自流井的开发介绍如下：

一、岩屑特征

标本1、井深：12.6~23.7m处。灰黑色。粘土含量：40%。其余为砂，砂中含黑色矿物质，有许多贝壳碎片；Quadrula：方壳虫属、Petis、Bivalves等。

标本2、井深：23.7~32.5m处。灰黄色。粘土含量：25%。其余为细砂，砂中含云母及黑色矿物，有许多贝壳化石：Planorbes、Bivalves。

标本3、井深：32.5~38.9m处。粘土含量：57%。其余为云母质砂，含贝壳化石，岩屑呈灰黄色。

标本4、井深：38.9~47.4m处。灰黄色。粘土含量：4%。其余为细砂，砂中含云母，含贝壳：Planorbes。

标本5、井深：47.4~63.8m处。灰黄色。粘土含量：25%。主要成分为含云母细粒砂。石灰质很多，含贝壳化石：Planorbes、Bivalves。

标本6、井深：63.8~77.2m处。灰黄色。粘土含量50%。其他成分为砂，砂中含云母、细石砾，有许多石灰质，含贝壳化石：Planorbes、Bivalves。

标本7、井深：77.2~83.6m处。灰黄色。含粘土25%。其余为细砂，砂中含有黑色矿物，黄色安山岩？含许多贝壳化石：Planorbes.

标本8、井深：83.6~90m处。灰黄色。含粘土50%。其余为细砂，砂中含有黑色矿物、黄色安山岩？红色石英、石灰质、砾石。

标本9、井深：90~96.1m处。灰黄色。透明、半透明石英细砂，砂中含有黑色矿物。

标本10、井深：96.1~101.8m处。灰黄色。含粘土11%。主要成分为中、粗粒砂，含云母和贝壳化石碎片。

标本11、井深：101.8~121m处。灰色。含粘土50%。其余为细砂。富含云母、石英，石灰质很多，含有蜆类和沼泽贝类化石碎片。

176

图2-7　老西开地热井成井时的岩屑资料

(转引自1994年版《天津自然博物馆八十年》)

堂附近开凿一眼地下水井。自 1935 年 9 月开始施工，历时 8 个月，到 1936 年 5 月竣工。意想不到的是，这眼井依靠地层自身的压力能够自流，而无须借助水泵抽取，自然会节省很多的电力。当时的井深 861 米，出口温度为 34℃。井口每小时自流量 6000 加仑，若用水泵抽取则可达到每小时 20000 加仑。水质也非常好，“水质硬性低弱，含钙镁颇少，氯化钠等杂质亦微，已证明为津市最纯净之水源”。依据我国现行的国家标准——《地热资源地质勘查规范》，地下含水层的水温超过 25℃即属地热资源。那么，老西开自流井实际上是一眼地热井，也是有史料记载以来本市第一眼自流温泉井。一直到 1942 年夏季，经过了六年时间，这眼温泉井仍然“整日淙流不息，每值冬日，热气沸腾，舀水洗面，温暖可手”。当时的法租界工部局为了方便居民使用，曾在井口位置修筑了两个大的储水池和一个天棚，水池长约三四丈，用水泥修筑而成。用铁管将水流导入长池，铁管架在水池之上，铁管每隔二三尺即开凿一个水孔，水流即由小孔流入池中。自流温泉可称一景。每天自晨至夕，居住在附近的女人们都在这里洗衣、洗菜、洗刷器具，无不称便。尤其是夏天的早晨，大约五六点钟，也就是天空刚刚放亮，“附近居民耳听流水淙淙，拈衣声更隐隐可闻，却也有些乡野风味”。有趣的是，租界当局在两个水池之间修筑了一个小型沐浴池，上面设置了三个喷嘴，在炎炎烈日里，“终日裸体小儿嬉戏其中”，欢笑之声不绝于耳。按照作者的观点，“唯因该水含硫少许，故不宜作为饮料，倘日后利用该水修筑一温泉游泳池，当可为北京汤山之天然温泉相媲美矣。”作者还曾畅想，若有朝一日到了这一天，若各地游人，“你如来津，何妨到此一游”！

图 2-8　老西开自流井开凿时的情景

蓟州史前“石头记”

在天津市蓟州北部，津围公路以东，连绵起伏的山岭之间，横亘着一条近于南北展布的地层剖面，人们习惯上称其为“蓟县剖面”。地质学家研究后认为，“蓟县剖面”由不同年代形成的不同地层组成，就像书页一样记录了距今10亿年的地质演化史，堪称一部史前“石头记”。

图2-9　太古长寿石

“蓟县剖面”北起下营乡常州沟村，南至县城北部府君山，地层总厚度 9200 米，包括三个系一级地层单位和 11 个组，相当于一本书分成了三章 11 节。“蓟县剖面”岩层齐全、出露连续、顶底清晰、构造简单、化石丰富、保存完好，比国际上同一时期形成的剖面，具有更大的典型性，因此，被国际地学界公认为标准剖面，为国际同类型地层对比提供了依据。

“蓟县剖面”的发现者是高振西。1931 年 7 月，中国地质调查所为“培养人才、教导后学”，利用暑期组织学生进行地质实习。当时在北京大学地质系就读的高振西参加了这次活动。实习期间，他撰写了《河北省蓟州东陵及兴隆县一带地质调查报告》，首次对“蓟县剖面”的地层进行了科学划分，1934 年又将成果发表在《中国地质学会志》第 13 卷上。

20 世纪 80 年代，科学家通过对“蓟县剖面”的古地磁研究，发现地球磁极曾经历过多次迁移。随着磁极的迁移、变化，地球纬度也发生多次变动，蓟州史前的地理位置，长时期处于中、低纬度带，即位于相当于现在的赤道附近。

图 2-10　砂岩层理、鸟嘴石、鳄鱼石

1995 年，科学家在 17 亿年前的蓟县系团山子组底部地层中发现了丰富的带藻和叶藻类化石，这些宏观藻类化石的发现，证明地球上真核生物至少在17亿年前就已存在，而过去人们一直认为距今10亿年前才出现真核生物。

在距今10至17亿年之间，形成了由蓝藻和细菌参与下形成的叠层石构造，共有110层、34个群、58个形。通过叠层石研究，确认蓟州当时的生物界以蓝藻和细菌为主，形成条件则为滨海环境，在7亿年的时间内，蓟州北部长期处于稳定的地质环境中。

有意思的是，叠层石的每一对亮暗纹层都是在一昼夜形成的，根据叠层石纹层的厚度及周期性变化，科学家们计算出蓟州在12亿年前，一年大约要有500多天，说明当时地球运转的速度并不是恒定的。更有趣的是，利用叠层石的纹理和自然天成的俏色特征，工艺大师们将叠层石雕刻成美丽绝伦的艺术品，已成为赠送国外领导人的重要礼物。今年上半年，叠层石被有关部门命名为“津石”，从此天津拥有了以自己名字命名的观赏石。

蓟县剖面不仅具有科学意义，还具有很大的旅游开发价值。在蓟县剖面内发现了许多处溶洞，如位于洪水庄村的气鼓山上，发现了迄今为止全市最大的一座古溶洞，全长1.2千米，面积达3万平方米，如今已对外开放。此外，蓟县剖面内还分布有“一线天”(断裂)“飞来峰”“小石林”等自然景观，也成为吸引游人的好去处。“蓟县剖面”还是一座宝藏呢！地质工作者先后发现了20余种矿产资源，包括白云石、含钾泥石、紫砂陶土等。其中紫砂陶土储量达1亿吨，可用于生产紫砂砖、紫砂壶等生产生活用品。

民国时期的八里台

翻阅旧时地图和文献得知，民国以前的八里台乃为野景，人烟稀少，水面广布，芦苇丛生。进入民国后，随着人口的增加和城市建设的发展，八里台一带人气陡增，并逐渐成为天津城南著名的风景区。从20世纪20年代开始，在今吴家窑、佟楼至八里台一线，有钱人纷纷购地置业，或为别墅、花园，或为牧场、蜂场，仅有记载的就有罗家花园、管家花园、倪家花园、丁家花园、孙家花园、刘家花园等数处。许多花园主人既是政界名流，又是文人雅士，与社会名流多有诗酒往还，所以，八里台一带俨然成了文人墨客乘舟野渡、赏菊会友、消暑纳凉的好去处。有趣的是，1929年春天，崔勉忱曾在刘家花园设立了蔚甡蜂场，从北平、山东等处购来意大利蜂种，并引进新法蓄蜂制蜜，首开北方蜂业之先河。

1923年，南开大学八里台校区落成后，著名的城南诗社每年都要在清明节、重阳节组织会员泛舟八里台，并借蟫香馆（严范孙寓所）、择庐（李琴湘寓所）举办诗酒之会，包括赵元礼、王逸塘、徐石雪、陈诵洛、杨意箴在内的学者、诗人留下了许多名篇佳构，如诗人张玉裁有一篇《范师以八里台游诗见贶隙寄》的诗作："城南衣带水，日日在胸中。每溯从游事，悠然兴未穷。槐阴浮大白，蓼穗斗残红。俛仰秋将暮，萧萧芦荻风。"一方面描绘了八里台一带芦花飞舞、水蓼争艳的自然风光；另一方面表达了众师友从游严范孙的快乐之情，读来颇觉兴味，堪称这方面代表作。提到

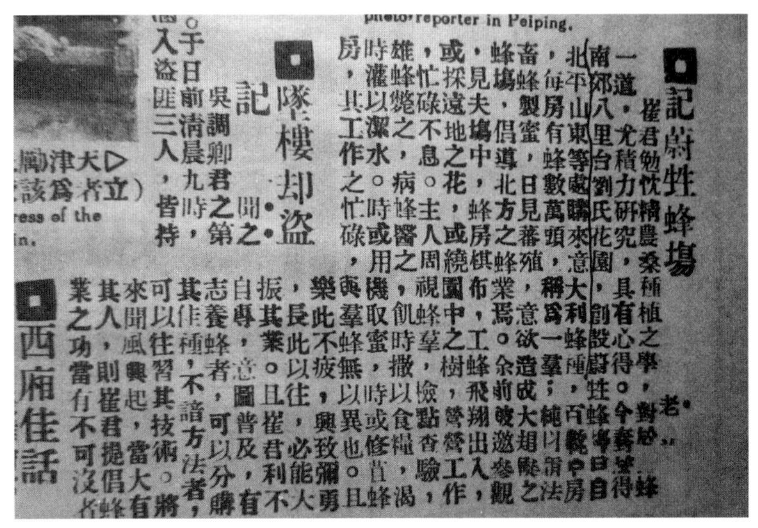

图 2-11　民国画报有关八里台一带的记载

八里台，就不能不提到聂忠公殉难处。1900 年 6 月 4 日，聂士成“率死士匹马陷阵”，被日本军队包围，中弹后壮烈殉国。为纪念聂士成，天津绅民设立了“聂忠节公殉难处”纪念碑，并在碑亭两侧刻有袁世凯书写的挽联。1927 年 11 月 16 日，著名报人王小隐曾游八里台聂忠公殉难处，并赋有《归途口占二章》：“一溪春涨小舫轻，夹岸垂杨眼乍明。此际真同天上坐，惊心炮火暂收声。黄尘碧血今何似，野渡桥头日欲昏。缓棹孤舟归去晚，斜阳春水吊忠魂。”此诗表达了对壮士的敬仰之情。

20 世纪 20 年代中期以后，在今南开大学正门以南，有一大片水面，“以其近南大也，因此定名曰‘南大坑’”。自 1928 年以后，市体育协进会每年夏天都要在“南大坑”举办游泳比赛。每次比赛都吸引了众多市民参观。著名报人吴秋尘有一篇《“南大坑”赛水记》，描述了比赛时的盛况：“是日参观者甚多，坑中舳舻相接，围坑而列者至百余艘，举凡法国教堂，海光寺、八里台、佟楼之船，一扫而空。”“八里台一带住户，倾家坐岸上看游船，大小男女，罗列如山，坐船人看赛水，傍水人则看赛水者，循环相看，各得其乐。村儿十余，裸逐游船，且舞且噪，尤见其喜不可支。”

在另一篇《夏游漫记》的文章里，作者还记述了由市内去八里台的路线，“先在西湖别墅进午膳，随后坐车到佟家楼……”在佟楼下车后，坐船沿河（即津河）往西，一路上经过“露香园”“罗园”，不远处便到了南大。如今，从佟楼坐公交车沿中环线去南大，不过两站地的距离，很难想象繁华的中环线及两侧楼房在当时曾经是大片的花园和水面，这真是沧海桑田啊！

北运河也产珍珠

珍珠本来多产于南方，由于气候因素，北方则少之又少。但在历史上，武清一度是我国北方最大的珍珠产地。

据《元史·食货志》记载："珠在大都(北京)者，元贞元年(1295)，听民于杨村、直沽口捞采，命官买之。"另据《元史·百官志》载，"管领珠子民匠官，正七品，掌采捞出蛤珠于杨村、直沽等处，中统二年(1261)立"。按照上述说法，当时的武清县(含直沽)不仅生产珍珠，而且朝廷为了保证京城之需，还专门成立了正七品的采珠官员。由于武清是唯一设立采珠官员的地方，故笔者推测，在元朝时，武清当是北方最大的珍珠产地。

众所周知，珍珠是由寄生物或沙粒侵入水蚌的体内形成的。当异物侵入体内后，作为避免对体内软体组织伤害的保护性反应，水蚌的外表皮细胞不断地分泌珍珠质，类似于人的眼泪，将侵入物逐层包裹，经过一定时期的反复作用，每一粒异物都可能逐渐形成光滑的小圆球，这就是人们津津乐道的珍珠。

根据史书的记载，元朝时作为首都的北京，其珍珠产自杨村、直沽等地，当时运河的水与渤海湾的海水相连。历史上，武清一带有潮不过"三杨"的说法，"三杨"是指今霸州的杨芬港、西青区的杨柳青和武清区的杨村。潮不过三杨，是说海水沿海河干流河道，上溯到海河的几条支流(子牙河、大清河、北运河)沿岸的三个码头(往西是杨芬港，往南是杨柳青，

图 2-12 北运河畔的御碑亭

图 2-13 《醉茶说怪》书影

往北便是杨村)，由于地势的原因就停止了。历史上，元朝在气候周期属于暖期，北方的平均气温要比现在高不少，所以，北运河水很适宜水蚌生长，加之北运河水中布满上游冲积下来的沙粒，因此，具备珍珠大规模生产的自然环境。

除北运河外，“三角淀”亦盛产珍珠。三角淀又名西淀，位于今王庆坨、汉沽港一带，据明蒋一葵《长安客话》记载，“三角淀在县(武清)南，周回二百余里，即雍奴水也”。另据晚清小说家李庆辰的《醉茶说怪》一书载，“西淀(即三角淀)渔人每夜渔,辄见水上有光荧然,及晓始灭,如是有年”。有一天晚上,某渔民在荧光闪烁的地方,用渔网逮了一只大蛤(即水蚌),回家后放在了水盆里,就出去卖鱼去了。其妻将大蛤放在锅中煮熟,没想到在蛤腹中发现了几粒珍珠,“珠如指顶”,取出时色已“黄暗”。渔人回家后埋怨妻子,其妻也非常懊悔。二人正在拌嘴过程中,忽有两人“款款而入”,并言:“珠已熟,无用矣。如愿售,请赠十千。”夫妻二人很高兴,赶快将珠子卖给这来人,“二人得珠欢跃而去”。待渔人发现有异,已悔之晚矣。原来,珍珠外皮都是钙质,钙质遇热会更结实,渔人不明就里,便将珍珠贱价售出。

吴家窑有处新农园

新农园又称管园,也称观稼园,位于今天津八里台与吴家窑之间的津河南岸。它的主人为民国时期的著名诗人管凤和。

管凤和(1867—1938),一名幼安,字洛声,原籍江苏武进。清末曾在北洋新军任职,并于1904年在天津普通中学堂(今天津三中)代理监督(校长)一职。1905年,奉调担任海城知县,数年之后升任奉天知府。在东北任职期间,曾创办《东三省公报》《海城白话演说报》,主编《海城县志》《新民府志》等地方志书。1919年8月,被推举为北戴河公益会干事,在此期间编著了《北戴河海滨志略》,为后人留下了珍贵史料。20世纪20年代,管凤和退隐后回到天津,在城南建筑花园,即本文所称的新农园。

管凤和喜欢艺菊。从前人们艺菊,都是采用根芽分栽的办法,所以佳品有限,且仅限于固有的种类。后来,有人从日本输入了籽粒种植法,另外还引进了人工授粉技术,使菊的品种越来越多。天津是开风气之先的城市,随着艺菊方法的改进,这一风雅之事,亦在20世纪20年代开始流行。与许多名流一样,管凤和亦官亦文,退隐后喜欢追求一种恬淡、自然的生活。“自客津桥旁,酷肖陶彭泽。门垂柳五株,田有禾三百”的诗句,恰恰佐证了他此时的生活状态。也许是受到了与之毗邻的罗园主人罗开榜的影响,管凤和同样喜欢艺菊,他经常与罗开榜一起研讨艺菊之事,并

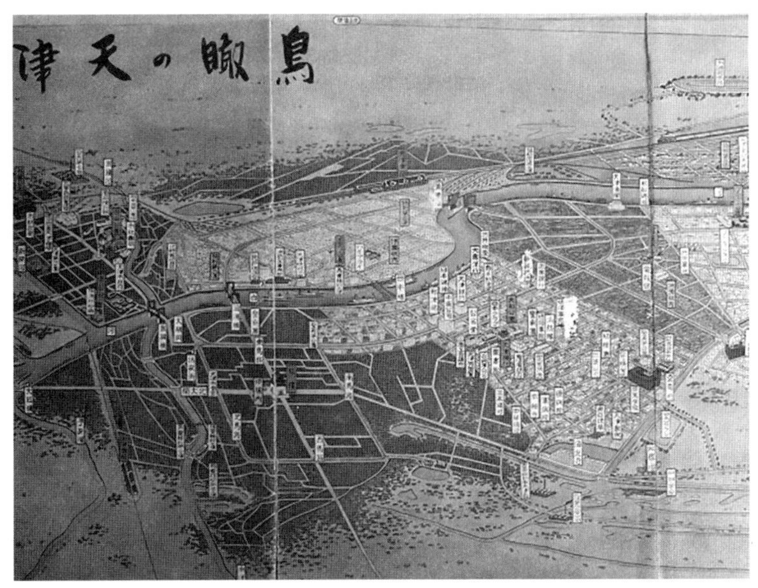

图 2-14　20 世纪 40 年代天津立体地图标注了八里台

与城南诗社诗友一起观菊、赏菊、吟菊。其子管思强于 1929 年 11 月 3 日刊发在《北洋画报》的《艺菊谈》一文，专门介绍了新农园艺菊的经验。新农园作为八里台一带的著名景点，曾吸引了许多文人墨客。管凤和经常在新农园举办茶会、酒会，使新农园成为一处文人聚会的所在，当时与管凤和有诗酒往还的除严范孙、赵元礼等大家外，尚有其他学界名流，如王纬斋、马仲莹、马诗癯、张翼桐、张玉裁等。笔者在诗人张玉裁所著的《一沤阁诗存》中，发现了四首写于 1927 至 1930 年间涉及管凤和的诗作。在这几首诗里，既有新农园的许多信息，又有管凤和及城南诗社诗友的诸多往事，是颇为难得的津沽文化史料。

一是描绘了新农园的具体方位。"斜穿吴窑村，忽见幽人宅。环以衣带水，虚室能生白。"这是张玉裁 1927 年撰写的《秋日宴集观稼园分韵得客字》中的诗句。在其 1929 年撰写的《九月杪管君洛声约秀漳诗癯纬斋仲莹实之翼桐及余乘舟同往罗园看菊有作》中，有"君言咫尺有罗园（主人罗姓皖人），黄花烂漫难与比"的诗句，验证了后人有关新农园在吴家窑附近且与罗园毗邻的推断。

二是对管洛声清廉自爱的品格给予肯定。管洛声寓津后,“结庐南郭南,只有书堪读”,加之其以艺菊为乐,颇似“心远地自偏”的陶渊明。据说,管洛声在奉天从政时,就以清廉著称,故张玉裁在其1929年撰写的《九月二十五日新农园赏菊得读字》中有“当其居辽时,坚贞若松柏”诗句,所言似应不虚。

三是记录了城南诗社成员的一些活动。1929年9月,张玉裁、马仲莹应邀来到新农园,“折柬招我游,言赏园中菊。”过了两三天,管洛声又邀请马诗癯、王纬斋、张翼桐、张玉裁、马仲莹等到对面的罗园观菊,故张玉裁给后人留下了“是时秋色正潇洒,争问菊花开何似”的佳句。一年之后的1930年秋,管洛声又在管园宴请众师友,张玉裁在《九月晦日管君洛声觞客寓庐分得送字》一诗中记载了此事:“罗园看菊归,幼安远相送。忽忽一年前,此事殆如梦。今来就菊花,一饮各思痛。壁间觅旧题,似入白云洞。乃知幽人居,邈不同于众。纷披书万卷,潋滟酒一瓮。醉归不生寒,题诗且呵冻。”

名人笔下的宁园旧影

1942 年 8 月 3 日出版的《369 画报》(第 16 卷第 10 期)载有《宁园风光》一文,详细披露了七十多年前天津北宁公园的景色,为后人留下了珍贵史料。

按照该文描述,宁园位于新车站(今天津北站)北,过了地道即至。一进园门,首先映入眼帘的是两片澄清湖水和所夹的羊肠小道。每当炎夏,荷花布满池沼,或含苞、或怒放,清芬异常。再向前,左右两湖合二为一,以石桥通至对岸。过了石桥,则有走廊,回曲漫延,若行雨之龙,直趋后山。廊左侧为公园礼堂,建筑雄伟,富丽堂皇;堂前花园,每值春夏,桃李盛开,芍药、牡丹之属红绿相映。夏季则榴花如火,杨树高遮,微风过处,沙沙作响。廊右为池,名为前湖,水清澈,内有荷花,两岸柳枝倒垂,随风摇曳。

由前湖可至后山,但临近后山水浅不可行舟,湖岸亦陡峭不易攀登,故绝少游人。由走廊而北亦可至后山,前有木桥,后为湖水。假山全为人造,苍松翠柏,幽静恬淡。山上有茅亭,宜读书、宜鼓琴,颇具诗境。假山之后即后湖,与前湖水相连。惜淤泥堆积,水浅胶舟。然此处就着山势,辟有一处动物园,能见到猴、狐、鹿、鹅等珍稀动物。

景景相连,曲径通幽。因此作者叹道:“春夏之季,光明景媚之日,约二三知己,一叶扁舟,荡漾其间,或泊柳下,或荡荷中品茗闲话,心旷神怡,

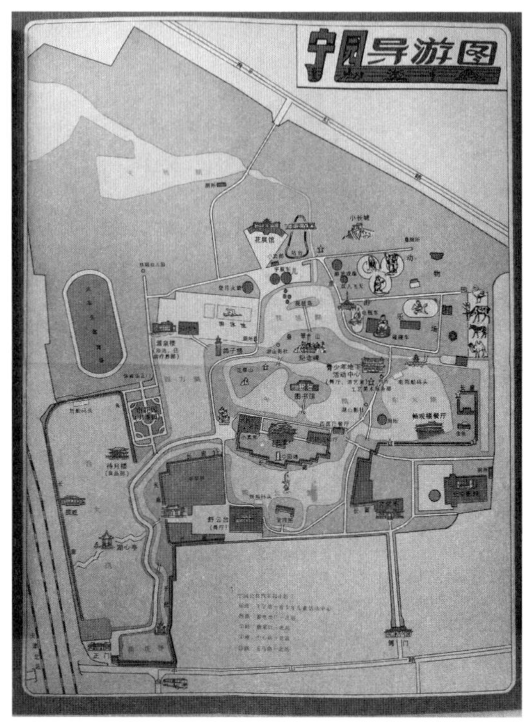

图 2-15　20 世纪 80 年代北宁公园导游图

自忘置身于繁华都市。”可见，北宁公园对于那个时代的市民来说还是很有吸引力的。说来也巧，笔者在刘云若的《紫陌红尘》这部小说中，恰恰读到了恋爱中的男女在北宁公园划船的故事，这似乎更验证了北宁公园的魅力。

《紫陌红尘》于 1943 年 10 月面世，由天津流云出版社（在兴亚三区）出版。小说以天津为地域背景，以青年知识分子唐景陶与暴发户宋福喜的女儿吉妮、未婚妻婉芳之间的恋爱故事为主线，通过对光怪陆离的社会现象的描绘，反映了这座北方都会七十多年前的市井生活。

吉妮是小说里的主人公之一，她虽然生长在农村，但天性爱慕浮华。到了城市定居之后，更以追求摩登为时尚。在北宁翻船出丑，便从一个侧面反映了她追求浮华和摩登的内心世界。故事是这样的：有一天，吉妮请自己的家庭老师淑陶及其兄景陶去宁园游玩。她们一行三人玩的第一个项目是划船。淑陶、景陶生长在城市，本是诗书传家，她们原都善于划船，二人分坐两端划桨。吉妮坐在小船中间，看着十分羡慕。她是第一次划船，认为划船是应该学习的摩登技术。但当着心目中恋人——景陶的面，又不愿被他轻视，就偷眼瞧着她们。过一会儿，她看出只是把手臂一动一动的，并没深奥的技巧，于是壮着胆子向淑陶要求调换位置。吉妮因为是外行,从小船上忽然立起向前走去,不料小船乱晃起来,她的身体又沉,脚下失了重心,上身很快越出了船弦。淑陶在小船摇动之际,忙把身体低伏下去。景陶却竭力设法平衡船身,且想伸手去拉吉妮,但已来不及了,眼见吉妮落进了水里。景陶一个急劲儿,跃入水中。所幸他既会游泳,又在上船时把外衣脱掉,只着一件衬衫,故而身体较为灵便,跳下去一把便将吉妮抓住了。这时,别的游船全都赶过来,大家合力把吉妮拉到岸上。吉妮这时已有些昏迷了,所幸救起很快,并没喝几口水,不大工夫便缓过气来,但身上已变得像落汤鸡一样。吉妮窘不可堪,低着头简直就要哭泣。心里最难过的,还是在自己心上人面前出丑,本来因为恐怕被他轻视,才要接桨划船,不想求荣反辱,这该是多么窝心啊。

读刘云若的小说,仿佛此情此景就发生在眼前。

八十年前的杨柳青风物

1930年5月天津出版的《一炉》半月刊，刊载了著名报人吴秋尘、徐凌影夫妇分别撰写的有关杨柳青的游记，一篇是《杨柳青青杨柳青》，另一篇是《春之乡》。透过二位作者细腻的笔触，使我们领略到了八十多年前杨柳青的点点滴滴，读他们的文章，仿佛在欣赏一幅杨柳青的市井风情画。

吴秋尘曾两次到过杨柳青。一次是1924年8月，乘坐津浦铁路的火车路过杨柳青。当时正是夏末秋初的时节，不分昼夜的大雨，把大地积成了雨湖，杨柳青变成了湖心亭。“只见大水漫漫，只有千头万绪的柳梢儿，一叶叶在水面飘着，像是些水草。水是青碧的，柳是青翠的，然而凉意深了，秋光老了。”在这萧瑟的秋景里，镇的周边没有了行人，也没有了车，浮现在眼前的是各式各样的“船”——澡盆、脚盆，还有大大小小的水桶。这是大水之后的杨柳青。另一次是与妻子徐凌影以及朋友张建文一行三人于1930年4月到杨柳青踏青。在吴秋尘笔下，杨柳青镇的南面是南运河，“河身窄隘得很，里面有不少大小的船只，船多了，更显得那河不过是一条沟。沟的两岸，是高堆放起来的黄泥和粗砺的石块。”在徐凌影笔下，南运河则似更有情趣：“河畔有两个小孩，在那里捕蝌蚪，这使我忆起了儿时的快乐。不过我们却不曾赤过脚，也没有敢绾起过袴……现在看他们那无拘无束的装扮，一片野趣，却胜于当年的我们多多了。”

“过河便是几条纵横的街，街都是窄窄的，人烟倒还不少。在街头巷尾，依旧连一根绿草也看不见。到处都是灰尘，都是泥土，尤其是镇上人所艳称的‘三不管’，那‘三不管’的名称，倒不像杨柳青那么名不符实，一个神味实足的‘三不管’。”逛完了街景，便到了中午，他们三人在杨柳青唯一的大酒家“同和居”吃了一顿午饭，这家饭馆坐落在南运河边上。酒家内部的陈设和卫生状况实在不敢恭维，“油腻的桌椅，灰黑的墙壁，油光光几个伙计的光头，乱杂的一桌桌的座客”。好在，饭菜质量还算不错，尤其是“红烧鲤鱼比较鲜嫩”。吃过午饭，一行三人在酒家小伙计带领下，“逛遍了镇上的名胜”。先逛了大王庙，再逛了药王庙。在作者眼里，“庙都差不多一样，都在热闹的街上，里面只有孤苦零丁的两座神殿，殿内堆了不少的泥像，廊下还有几口灰白的棺木。院子里都有不少的小孩子，没一棵树，一棵草，一棵花，都是荒原。那天正是古历三月十五，香火倒不断。在河南的紫竹庵中，居然看见了一棵久不发芽的老树，庵门外居然有不满八尺的一个死水塘，又紫又绿的水中，还有四五只雪白的鸭子。这便是胜景了”。离车站不远的北面，有个白塔寺，院内有不少的树，还有萋萋的芳草。杨柳青有十几家爆仗铺，当他们一行三人上摆渡的时候，看见一位老太太坐在河沿上，手里拿着一盘爆仗，“一个捻一个捻的往那个爆仗上插”。据老太太说，“这爆仗是替爆仗铺做的，插一盘挣三个大子，一盘有五百左右，一天最多能插十三盘。”徐凌影试着询问老太太，这样的收入够过吗？旁边一位老者抢白道：“不够过，也得过！”

图 2-16　冯品清《大运河史话》书影

“天津城西杨柳青，有个美女白俊英。专学丹青会画画，这佳人，十九冬。”一行三人本来想按照这首民谣找找年画庄，赏鉴一下这远近闻名的杨柳青年画艺术，但却连一家铺子也没有找到。吴秋尘感叹：“我是上了那位不知名的民间文学家的当，连累着朋友们也上了当，然而我们总算游了一次野春。”

咸水沽地下之谜

咸水沽流行一种说法，咸水沽乃为退海之地。这句话没有错，清代张涛《津门杂记》早有记载：“咸水沽，在城东南五十里，该处左近旧有蚌壳满地，深阔无涯，至今不朽，想昔日之海滩即在此无疑也。”这句话概括的是4000年以来的咸水沽沧海桑田的变化。因为4000年前，咸水沽还是大海，随着1万年前地质史上最后一次冰期的结束，海洋开始向东退却，加之黄河冲积造陆作用的影响，咸水沽在3000年前就已开始变成了陆地。张涛所言“蚌壳满地”，就是今人所说的“贝壳堤”。

那么，在更远的时期以前，咸水沽这块土地又是什么样子呢？

咸水沽这片土地的形成至少在13亿年以上。能够提供佐证的，是在咸水沽钻井揭露的古老的雾迷山组地层。这套地层形成于距今13亿至12亿年之间，在近1亿年时间里，累计沉积了厚达4000米的含有叠层石的白云岩。这表明，12亿年前咸水沽一带是一片古海，当时区内气候温暖，水中游离的氧含量比以前有明显增加，为生物繁衍

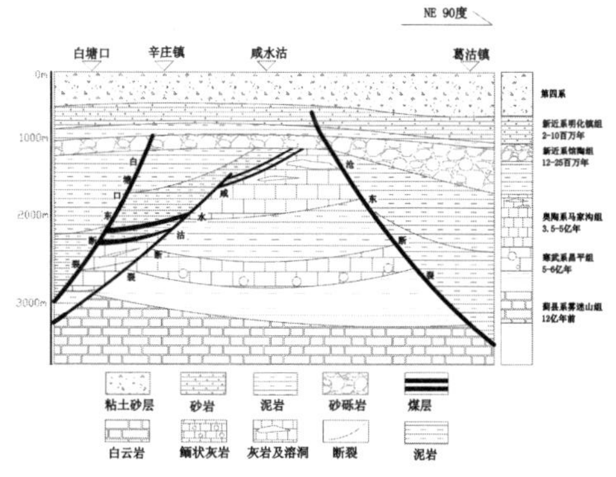

图2-17　咸水沽附近地质剖面示意图

提供了良好环境。从距今13亿年前开始一直到7000万年前，咸水沽进入地台发育期。在12亿多年的时间里，咸水沽在地壳内部应力以及海洋、湖泊等外力作用下，沉积了1500米厚的基岩，包括古生代的寒武系、奥陶系、石炭系、二叠系等四套地层，成为华北地台的重要组成部分。其中奥陶系地层是巨厚的纯质石灰岩，发育有巨大的溶洞。天津地热院在咸水沽南环路组织地热井钻探施工时，在钻进至地下1700米深的岩石地层时，钻井所用的泥浆发生了严重漏失，经研究证明，泥浆就是被巨大的溶洞所吞噬的，而该溶洞的年龄足有4亿年。

自7000万年以来，咸水沽进入松散发育期，在这个时间段，咸水沽几乎都是陆地，并伴有数次规模不等的海侵，依靠河流的冲积作用，形成了约1500米厚的沉积物，其中下部的新近系馆陶组地层以砂岩为主，上部的明化镇组地层以及再上部的第四系盖层则以细砂、黏土为主。

在咸水沽地下有一条以咸水沽命名的断裂。这条断裂由南八里台西侧开始一直延展到咸水沽镇北，长约10千米左右。该断裂埋藏在1400米之下，切割了几乎所有的基岩地层，由于这条断裂非常短，且埋藏较深，虽然对咸水沽地壳稳定性存在影响，但并不会引起大的震害。相反，由于该断裂具有导水性，因此往往成为地热流体的通道，位于津沽西大桥东侧祥福里的一眼地热井就位于这条“咸水沽断裂”上。

咸水沽地下存在着一个巨大的热库。地质专家指出，咸水沽位于万家码头地热田北部的小韩庄凸起之上，分布着蓟县系雾迷山组、奥陶系馒头组、新近系明化镇组三个热储层，年可采量可达100万立方米。迄今为止，咸水沽镇已开凿地热井10眼，其中最深地热井达到3200米，供暖能力超过100万平方米，全镇有数万人享受地热带来的温暖。

石炭系是重要成煤地层。在咸水沽地下1600米左右，同样发现了一些有价值的煤层。不久的将来，人们或许可以将地下的煤层直接气化，然后用管道将煤气输送到每家每户呢。

古镇咸水沽真是一块风水宝地！

南运河畔有宜亭

“宜亭”曾是津沽著名的私家园林之一，其主人朱士杰是清镶白旗人，曾于康熙二十八年(1689)任职天津道。据乾隆年间的《天津县志》载，朱在位时热心公益事业，为补充育黎堂(收容流民之所)经费之不足，除以公费支持外，还曾倡议官绅捐款二千余金，置买田产以粮亩收入供其之需。

图 2-18　南运河“天津津渡”纪念碑碑文

宜亭以临水靠岸并广植柳、菊尽得风景佳妙。据乾隆年间《天津县志》载："宜亭在西门外演武场右月堤上(今红桥区南运河北岸佟楼以西),康熙间天津道朱士杰建。亭四周环植杨柳,炎日无暑气,游者忘返。今废。"

宜亭之胜吸引了当时及之后的许多文人骚客,留下了许多脍炙人口的名篇佳句。乾隆年间客居津门的钱塘文人汪沆有诗曰:"宜亭如笠倚斜阳,堤上青青柳万行。为嘱行人莫攀折,长条多是台公棠。"再现了月堤之上亭阁如笠、柳树成荫、夕阳斜照的秋色晚景。

康熙年间曾参与编修《明史》、被誉为"江南三布衣"之一的浙江文人姜宸英有《宜亭》诗:"不知秋远近,水色涨平芜。晒岸多渔网,浮舟来此庐。桥欹眠折苇,槛倒坐闲凫。落日宜亭上,寥寥吾辈俱。"仅仅40个字,一幅由渔船、小桥、芦苇、野鸭组成的宜亭秋色图便跃然纸上。

图2-19 "天子津渡"选址公园纪念碑

宜亭之可人处还在于它的菊香。康熙年间天津举人、著名盐商张霖之子张坦有《宜亭看菊》一诗:"寻菊到宜亭,空郊眼倍青。沙痕分野圃,秋色赛园丁。浊酒寒香湛，蓝舆夕照停。由来耽隐逸，不爱五侯鲭。”康熙年间另一位著名诗人查曦亦作诗一首《秋日同董苌臣朱扶光葛伟世饮宜亭》：“亭上一杯酒，青衿数子同。高谈心各肠，纵饮气皆雄。雁起芦花雪，鹰盘槲叶风。须知凭眺处，人在菊香中。”

宜亭到乾隆后期便逐渐废弃，其间大约经历五六十年，真可谓是昙花一现。乾隆年间的天津诗人胡睿烈（号炅斋）有《过宜亭故址二首》，其二云：“乱石支行径，苍烟散客襟。萧条怀古意，迢递济时心。剩草遗荒垒，飞花恋旧林。由来兴废地，自昔感登人。”一幅剩草荒垒、断壁残垣的景象，读之令人神伤。

《恨海》描写的西大湾子

《天津地理买卖杂字》有这样一句："西北角，自来水，西大湾子梁家嘴。"

据《红桥区地名志》记载，西大湾子在红桥区南部，原为南运河呈"U"形的一个湾兜。该街东起太平街西口，西至南头窑大街，中与芥园道相交，长260米。1917年南运河裁弯取直后，填河建街，人称西大湾子。1975年将西大湾子与西部的驴市口接顺改称为今名。1995年修建芥园道时，又将东段、西段共计140米拆除，现状只有30多米长。

西大湾子曾是南北贸易的集散地。明代以后，始称"永丰屯"，是一个大集市。《天津卫志》中曾记"永丰集，在张官屯，初四、十四、二十四"。清康熙年间，因漕运而来的粮食在此处装卸集散，出现了多处粮栈，使永丰集发展为以粮食为主的专业集市。历史上有"城西北沿河一带，旧有杂粮店，商贾贩粮百万，资运京通，商民均便"的记载。

梁家嘴又名梁嘴子，也是天津市区较早形成的聚落之一，位于红桥区南部。西湾大街以北，民丰后大街(现已不存)以南，复兴路以东，放生院小马路以西地区(今为先春园居住小区)。据张仲先生的《天津卫掌故》一书，梁家嘴原系南运河的一个河湾，昔日漕运船只由此经过，溯航至北运河，直抵京城。当时，因梁家嘴两岸设立了码头，与之配套的集市、货栈、粮店、车行、脚行、饭馆、茶楼、澡塘、药铺等应运而生，渐渐形成了一个商业区。南运河裁弯取直后，由于河道北移，梁家嘴一带原有河道遂废，于是这一带的商业随之萧条败落。

吴趼人在《恨海》一书中对西大湾子和梁家嘴一带进行过描写。“谁知这里停泊的船，盈千累万，舳舻相连，竟把河道塞住了……如此一连三天，不得过去。”

《恨海》描写的是 1900 年庚子事变之时，八国联军入侵京津一带，老百姓沿河逃难的情景。作者以文学的笔触生动地反映了当时天津动乱的社会现实。

图 2-20　笔者参加大运河相关讲座活动

笔者曾在芥园道与复兴路交口东南角一平房处，寻到一块“西大湾子”的地名标志，透过锈迹斑斑的标牌，眼前仿佛出现了南运河舳舻相接的景象。

刘云若眼中的墙子河

偶翻旧报，发现刘云若的一篇随笔。这篇名为《盈盈墙子河边水》，发表于 1937 年 5 月 20 日《天风报》。

◇盈盈墻子河邊水

雲若

盈盈墻子河邊水、草長鶯飛又一年、

這是邵次公旅居天津時的詩、寫來多麼動人、若只看這兩句、也許有人認爲墻子河是極佳勝的風景、和南京的秦淮河、廣州的荔枝灣、一樣引人慕想、但是身歷其境的人、就知道所謂墻子河可只是一條長長的小溝、而且每遇春日、河水就發出一種難聞的氣味、不可嚮邇、

我移居到這有詩意的墻子河邊、已經三度草長鶯飛、移居的原因、是愛河邊一帶的較爲空闊、又因小孩子將要出生、特別注重日光空氣、所以還高高的在上的住於三樓、以致有朋友調笑我說、「你特意尋這房舍居住、是爲着日光空氣俱都充足、但是你永遠享受不到這兩樣東西、」因爲我白天關窗睡覺、入暮方起、日光和我不生關係、空氣也吸受不着淸新的、

現在好了、居然能在上午九時起床、因爲我住的是英租界內的墻子河邊、當地主管者對河道的整理、頗爲注意、一切都很是潔、又加春初已過、臭惡全除、每晨一開窗子、便覺爽氣撲人、是都市中很難得的享受、早餐之後、抱着小孩到河堤上一走、只要在英租界境內、夾岸都長着垂楊、堤邊滿種九色繽紛的野花、近街道的一面、舖着一碧如茵的蕎草、常見工人噴水澆灌、近河水的斜坡、任雜樹和雜草蕭生、非常茂盛、常把河中過往的運磚小船、遮得影影綽綽、在堤上走時、低垂的柳絲時常拂着頭面、叢生的野花也橫伸斜出、妨碍行人、常見有短衣的老叟、把所携的畫眉或百靈的鳥籠、掛在樹枝上、蹲在旁邊聽他哨啾、時常一兩點鐘不動窩兒、拉着洋狗的外國老太太、是堤上常客、相遇次數多了、由小孩和狗的介紹、跟我結成朋友、每一遇見、她拍拍我孩子的大腿、我摸她洋狗的脖頸、一笑而過、有個給工部局看挖泥船的老工人、也厮熱了、走到他那裏、就把他專利的大方石讓給我坐、把他手裏的大核桃給我小孩子玩、河坡上常常見有衣服整齊的少婦或女郎、向土中作挖掘工作、一天我見一位朋友的太太、也在那裏、問她作什麼、她一笑說學王三姐挖菜呢、過兩天她約我小酌、席間吃着很淸映可口而不知名的青菜、她告訴我就是墻子河邊挖的、一共有三四樣之多、

可愛的墻子河邊、她好像有很大迷人的魔力、教我永不起搬家的念頭、尤其立是在北面堤上、向南望到義慶里中二陳（陳文娣小姐及現正謠傳娶得美人魚的陳向元）臨河故居時候、我常立盡斜陽、不知歸去、

图 2-21 《天风报》有关墙子河记载

“盈盈墙子河边水，草长莺飞又一年。”诗人邵次公（即邵瑞彭，以揭露曹锟贿选事件而著称）旅居天津时曾这样描绘墙子河。然而，刘云若似乎也觉得邵次公的笔墨有点言过其实：“写来多么动人，若只看这两句，也许有人认为墙子河是极佳胜的风景，和南京的秦淮河、广州的荔枝湾，一样引人慕想。但是身历其境的人，就知道所谓的墙子河，只是一条长长的小沟……”

史载，墙子河修建于清咸丰十年（1860），是统兵大臣僧格林沁为抵御外侮而修建的一条护城河。当年，英租界内的墙子河，“主管者对河道的整理，颇为注意。一切都很清洁……每晨一开窗子，便觉爽气扑人，是都市中很难得的享受”“早餐之后，抱着小孩到河堤上一走……夹岸都长着垂杨，堤边满是五色缤纷的野花，近街道的一面，铺着一碧如茵的芳草，常见工人喷水浇灌，近河水的斜坡，任杂树和杂草丛生，非常茂盛。常把河中过往的运砖的小船，遮得影影绰绰……”

刘云若故居坐落在今和平区河北路顺和里 4 号，按照刘云若文章中“我移居到这有诗意的墙子河边，已经三度草长莺飞”推算，刘云若应当是 1934 年迁到这里的。

刘云若在墙子河畔生活的十六年里，先后完成了《旧巷斜阳》《情海归帆》《粉墨筝琶》《白河月》等数十部传世杰作。

水西当年诗酒地

在市自来水集团公司(和平区建设路)大门口,有一对石狮子。别看这对石狮子貌不出众,但却是著名园林水西庄硕果仅存的遗物,所以其历史文物价值不可小视。

水西庄坐落在天津老城以西三里许,它是由盐商查日乾于清雍正元年(1723)在南运河边兴建的私家园林,面积为159.14亩。“面向卫水,背枕郊野,凭河造景,巧夺天工”,有藕香榭、秋白斋、揽翠轩、枕溪廊、数帆台等景点,江南色彩极为浓郁。后查氏后人又多次修缮,其中查为义修建“介园”(乾隆赐名“芥园”),1770年又在芥园东侧修建了河神庙。清代诗人袁枚在《随园诗话》中将天津查氏的水西庄和“扬州马氏秋玉之小玲珑山馆、杭州赵氏公千之小山堂”相提并论,并称为清代三大私家园林。

水西庄兴盛于乾隆时期,不仅景色宜人,而且“蕴含着巨大的历史文化的丘壑”。著名红学家周汝昌有“谁识水西人物美,风流文采映津门”的诗句,道出了水西庄人文荟萃的特点。

乾隆曾四次驻跸水西庄,留下了三首“御笔诗”。后人在水西庄立御制诗碑,并盖有“御碑亭”,成为水西庄著名景观。由于主人好客风流,南来北往的学者文士,无不成为水西庄的座上佳宾。比如,《红楼梦》后四十回编者高鹗的内兄张问陶(船山),曾在水西庄小住,留下了著名的“二

图 2-22 三岔河口风光

分烟月小扬州”的诗句。后来“小扬州”竟成了天津的雅号。江南文人厉鹗曾在水西庄驻留。《绝妙好词笺》是厉鹗同水西庄主人查莲坡对宋代周密原书的笺注。这部作品被收入由纪晓岚主编的《四库全书》。康熙朝历任两淮盐政的曹寅父子也是水西庄查家的座上客。据说,《红楼梦》作者曹雪芹曾经避难水西庄。水西庄迷人的景色,丰富的藏书,以及南来北往的诗人骚客,都成了写作《红楼梦》的生活素材,这从与《红楼梦》怀水西庄的“藕香榭”等相同或者相近的景观可以得到佐证。清代名画家朱岷所绘《秋庄夜雨读书图》,写查日乾之子查礼在水西庄秋雨夜读情景。真实再现了水西庄的面貌,该画仍保留在天津艺术博物馆。

水西庄仅兴盛了大约半个世纪,至乾隆末年,这个“曾是当年诗酒地”的水西庄便开始衰落。1900 年,八国联军入侵时,这里又成了兵营,文物丧失殆尽。除查氏诗词文稿、一幅对联条幅、两幅图画以及查氏家谱、祖像保留下来外,水西庄流传下来的文物就仅剩下一对石狮子。这对石狮原在河神庙门口,1912 年在水西庄旧址创办济安自来公司(芥园水厂前身)时保留下来,新中国成立后的 1950 年 3 月,天津自来水厂与济安自来水公司合并,这对石狮子就被移到了天津市自来水公司(即现在的天津市自来水集团公司)保存至今。

西湖别墅好风光

西湖别墅，原为英国花园式庭院建筑（旧址在今马场道169号、171号，今已不存），号称中国人在华北自办的唯一西式大饭店。在民国时期，提起西湖别墅，津城可谓无人不知、无人不晓。

西湖别墅始建于1920年前后，之所以取名别墅而不用饭店之名，一是"以生别于专以营业为目的者；二是更因当日军阀当权，对于社会一切建设，均苛索不休，人民苦之"，基于此，雍氏"为避免烦恼计，未用饭店之称"，于1929年春天在其附近另建新楼，落成后仍称西湖别墅。

说到西湖别墅，就不得不说一下它的主人雍剑秋。据1930年1月1日刊于《北洋画报》的《记西湖别墅》一文载，"本埠西湖别墅为名绅雍剑秋氏所设"。据笔者查阅资料得知，雍剑秋（1875—1948），江苏省高邮人。少年时在上海、香港等地求学，后考入新加坡大学。自1911年开始，先后任天津造币厂副厂长、德商礼和洋行买办，并成为国内闻名的军火商，受到袁世凯的嘉奖。雍剑秋热心公益，"昔在旧都（北京），曾于今中山公园中建格言亭，过其下者，咸景仰不置；东单菜市场又有箴言碑，巍然立道右，亦雍君手创"。1918年雍剑秋移居天津，"于英拓马厂（场）道旁，非租借地上，置地数亩，建有别墅，开园辟池，移花植木，本为个人修养之所，嗣以自奉素俭，颇嫌宅第略广，因使公开，以娱游人。后西侨有请赁居独间者，且津门人士，辄于公暇休假之日，结伴莅止者又甚众；雍氏决定

图 2-23　西湖别墅旧影

辟宅为小型饭店，居旅客而售饮食焉”。

当时雍剑秋一直感叹，有悠久美食传统的中国人为什么不能创办一家好饭店，既可展示中国人的饮食文化又能赚洋人的钱，于是决意出资在天津创办一座可以让中国人骄傲的饭店。西湖别墅 1929 年春间兴工，秋末建成。当时报纸介绍说“津门唯一之大建筑，乃巍然现其宏体于马厂(场)道之首”。别墅所处位置非常显著，“俨然扼此全津最讲究之马路之咽喉，一入是道，先经其下，无所逃也”“马厂道虽精致，驰车其中者至多，然深入马厂，一无所有，游者求一休止之地而不可得；今有别墅，可供登临远眺及饮食舞息之需，吾知必为津门人士所乐趋也”。

西湖别墅由雍剑秋之子雍鼎丞任经理，聘请复旦大学商学院学士赵道生(以经营大华饭店而蜚声津门)任副经理。由于二人同为少年英俊之士，以新人才办新事业，故其业务蒸蒸日上。

西湖别墅的卧室布置，幽雅精致，且均附有浴室。“饮食第一精美，全埠无出其右者”。拥有当时天津唯一的弹簧地板跳舞场，有可容宾客

700 人活动。在屋顶设有花园以及升降电梯。另外,还专门从国外请来了洋乐队。西湖别墅还尽占地理优势。门前马厂(场)道为全市最干净的马路,空气清新,宜于休养。每天晚上(除星期一)均有舞会,星期日下午则还有茶舞会。每逢中西佳节,均有特别跳舞大会。

值得一提的是,1929 年 12 月 28 日,著名京剧表演艺术家梅兰芳赴美交流演出途中,由京城抵天津,当时专门下榻在西湖别墅。而这之前,闻名世界的梅兰芳来津时“向居利顺德饭店也”。梅氏到津后当晚,《天津商报》在西湖别墅举办盛宴,包括市长在内的二百多名各界人士莅临,晚宴盛况由商报馆摄制成电影,“颇极一时之盛”。第二天“旅津美国大学同学会”亦曾宴梅于此,梅氏对于该西湖别墅“极端赞美云”。

1942 年春,雍剑秋把自己的西湖别墅租借给张纪正、方先之等著名医师设立了天和医院。自此,西湖别墅由花园式饭店变更为医院。1948 年夏,雍剑秋去世,从此,这座最大规模的西式饭店在人们的记忆中渐行渐远。

北运河畔的孤云寺

孤云寺，原名白马庙、白庙，位于今天津市河北区北运河畔。始建于1592年，1958年拆除，历经366年。

据《河北区地名志》载，孤云寺始建于明万历二十年（1592），由河南洛阳籍的游方和尚建造。游方为寄托对故土的思念，特地请人以洛阳白马寺为蓝本，精心雕刻了背驮经卷的一座白马石雕，立于大雄宝殿之前，并给该庙取名白马庙。清康熙四十六年（1707）暮春，康熙皇帝沿运河南巡，路途中临幸白马庙，因其想起了李白《独坐敬亭山》“众鸟高飞尽，孤云独去闲”的诗句而赐名“孤云寺”。从此，孤云寺声名远播，香火不断。

到了晚清、民国时期，孤云寺因年久失修，渐渐失去了昔日的风采。晚清华鼎元作《白庙》一诗：“世外孤云驻近郊，禅房瓦缺只编茅。院中依旧槎枒树，可有居僧守鹊巢。”与先前善男信女来往不断的景况相比，“居僧守鹊巢”显然要冷清得多。

有趣的是，1932年4月19日出版的《北洋画报》刊载该报总编左小蘧的《白庙游记》一文，详细描写了孤云寺，为我们了解这座古寺提供了难得史料。据该文介绍，1932年春天，左小蘧与数位朋友乘舟春游。他们从金钢桥出发，沿北运河北行，“本拟到西沽，一赏桃花，将泊岸，而舟子告以花谢。不觉索然兴尽。甫拟返棹而归，瞩目四望，遥见前面似一村落，隐约淡烟中，询之舟子，知为白庙村，距此可四里。同游者咸欲一览乡

图 2-24　北运河

村生活,遂复鼓棹前进”。

按照作者的说法,因西沽桃花已谢,左小蘧等诸友非常扫兴,但当看到前面不远处“隐约淡烟”中的白庙村,竟然引起了大家的游兴。于是他们继续乘舟前行。到了白庙村近前,大家弃舟上岸。“村童见之,争来问询。无异于武陵人乍入桃源。入街,围观者益众,以争看‘城里人’也。村人俱诚朴,蔼然可亲。凡有问,无不答。村有古庙一,曰孤云寺,烦村童导入。寺仅存佛殿一大间,中塑白衣大士像,面金剥落,香案尘封,无僧无道,唯有守庙者一,居殿侧一室中。庙守延入暂息。时已亭午腹中辘辘作响,遂以挈来食物,分而大嚼,腹果后,复穿行村中,村街多土屋,古雅有致,炊烟出自屋顶,随风缭绕,儿啼三两声,隔窗可闻,绝非闹市中所能有。”孤云寺存有佛殿一大间,中间有白衣大士像,但金身已剥落,说明孤云寺早已颓败。另外,从“香案尘封,无僧无道,唯有守庙者一,居殿侧一室中”的记述看,该寺亦长时间没有香火。晚清时期,尚有“居僧守鹊巢”,到了 20 世纪 30 年代,孤云寺就仅剩下“守庙者一”了。

徐渭笔下的津沽银鱼

银鱼是津沽特产，按照清代张焘《津门杂记》的说法，银鱼与铁雀、黄芽白菜并列为冬令津沽食品三绝。

银鱼生长于渤海湾的河海交汇处。每至冬季，沿海河和蓟运河溯流而上，分别在北塘和三岔河口一带产卵。《天津县新志》载："鱼类多常品，惟银鱼为特产，严冬冰冱，游集于三岔河中，伐冰施网而得之，莹清澈骨，其味清鲜，非他方产者所能比。"张次溪在1936年出版的《天津游览志》一书中记载："银鱼，津门特产之一，贩者每以卫河名。殆产于卫河者为佳，产于三岔河口者为贵……银鱼之产于卫河者，金睛银鳞，极为鲜美。"

早在明朝时，津沽银鱼就已是贡品，并设有银鱼厂专门负责采集银鱼。明代蒋一葵在《长安客话》中载："宝坻银鱼都下所珍，北人称为面条鱼，贱而倍大，出海中蛤山（在今北塘附近，当时属宝坻县管辖），深秋霜降后溯流而上，育子诸淀中。映日望之，波浪皆成银色。人每候其至网之。县因设银鱼厂，届期中官下厂督捕进贡。"又据《燕京岁时记》载："十月间，银鱼之初到京者，由崇文门监督照例呈进。"

银鱼不仅为宫廷贡品，亦为文人笔下之精灵之物。清代诗人崔旭的《津门百咏》有诗曰："一湾卫水好家居，出网冰鲜玉不如。正是雪寒霜冻候，晶盘新味荐银鱼。"清代诗人唐尊恒诗云："树上弹来多铁雀，冰中钓出是银鱼。佳肴都在封河后，闻说他乡总不如。”清诗人樊彬的《津门小令》中有云：“津门好，美味数冬初。雪落林巢罗铁雀，冰敲河岸网银鱼，火拥兽炉余。”民国年间城南诗社著名诗人冯问田在《丙寅天津竹枝词》中云：“望海巍然百尺楼，金钟已改旧时流。三叉(岔)河口名仍在，不识银鱼上水不？”

值得提及的是，明代文学家、书画家，浙江山阴人徐渭(字文长)曾游历津沽，闻银鱼之名赞不绝口。《长安客话》记载了这样一段轶事：“宝坻银鱼以瓦窑头为最佳，有王生者，每对人津津言之。徐渭赠诗：‘宝坻银鱼天下闻，瓦窑青脊始闻君。烦君自入蓑衣伴，尽我青钱买二斤。’”徐渭赋诗赞美银鱼，为津沽渔文化平添了一段佳话。

图 2-25 《长安客话》书影

天津究竟有多少“沽”

“沽”是天津民俗文化的特色之一，确认“沽”的地理位置，既有着科学价值，更具有重要的文化意义。

一、关于“七十二沽”是确指还是虚指。“七十二沽”一名早已有之，这在清乾隆、嘉庆年间的诗文中多有涉及。如天津知县李符清的《海光寺晚眺》：“七十二沽秋水阔，夕阳争放打鱼船。”天津举人沈莹川的《送汪小舫之天津》：“迢迢七十二沽西，岸上飞花逐马蹄。”诗人华长卿的《沽上竹枝》：“七十二沽花共水，一般风味小江南。”但笔者认为所谓“七十二沽”并非确指，而是虚指，表示数量很多的意思。理由是，根据清张焘《津门杂记》的记载：“天津有七十二沽之名，实只二十一沽。曰丁字沽、西沽、东沽、三汊沽、小直沽、大直沽、贾家沽、邢家沽、咸水沽、葛沽、塘沽、草头沽、桃园沽、盘沽、四里沽、邓善沽、郝家沽、东泥沽、中泥沽、西泥沽、大沽……余则在宝坻、宁河两县境。”而据笔者查阅资料得知，宝坻、宁河二区县1949年被划入天津地区（行署当时在杨柳青）之前，不无隶属关系。可见，七十二沽是虚指而非实指。

二、关于天津县境内“沽”的名称及数量。天津民俗学家杨平先生在《七十二沽》一文（见《天津风物传说》）中，指先前（晚清以前）天津县域及周围称“沽”的地名共81个，其中在天津县境内有22个。

对照《津门杂记》，笔者发现有18个名称相同，有三个不同：即《七十

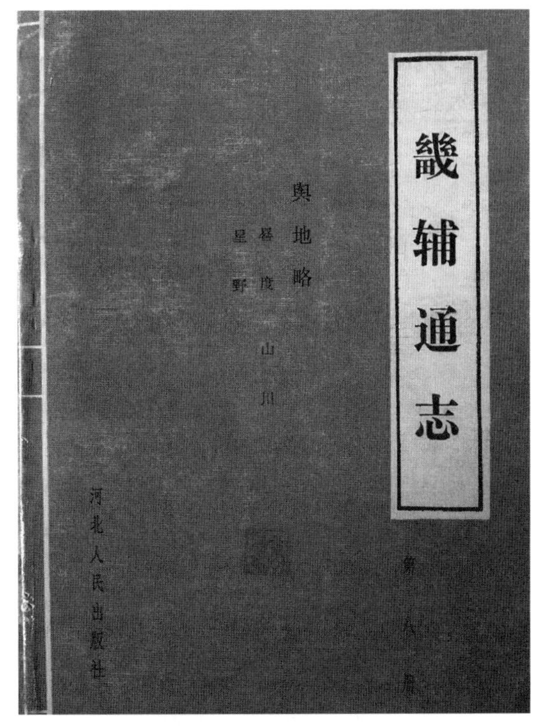

图 2-26 《畿辅通志》书影

二沽》一文中没有中泥沽、大沽、塘沽，而《七十二沽》所列的赵里沽（即今赵沽里）、东大沽、西大沽、道沽则是《津门杂记》所没有的。据笔者查阅《天津市地名志》，早在康熙年间，大沽以海神庙为界分东大沽、西大沽，但统称为大沽。中泥沽在明朝永乐年间是与东、西泥沽并存的地名，而到了乾隆年间，中泥沽已不存在。

从以上资料得知，历史上，在天津县范围内曾经存在过的以“沽”命名的地名不是 21 个，也不是 22 个，而应该是 24 个。即在《津门杂记》记载的基础上，增加赵里沽、道沽，并把大沽分细分为东大沽、西大沽。

三、现今天津行政区域内有多少个沽。经笔者查阅《天津市地名志》18 个区分册统计，天津现行政辖区共有以“沽”命名的有效地名 78 个。现分列如下：

红桥区 2 个：西沽（街）、丁字沽（街）。

河东区 2 个：大直沽（街）、贾沽道（原称贾家沽，今属郑庄子街）。

东丽区 1 个：赵沽里（原称赵里沽，属大毕庄镇）。

津南区 7 个：咸水沽（镇）、葛沽（镇）、盘沽（属葛沽镇）、桃园沽（属双港镇）、西泥沽（属双桥河乡）、东泥沽（属双桥河乡）、四里沽（咸水沽镇）。

塘沽区 6 个:塘沽(区)、东大沽(街)、西大沽(街)、宁车沽(乡)、邓善沽(乡)、草头沽(属东大沽街)。

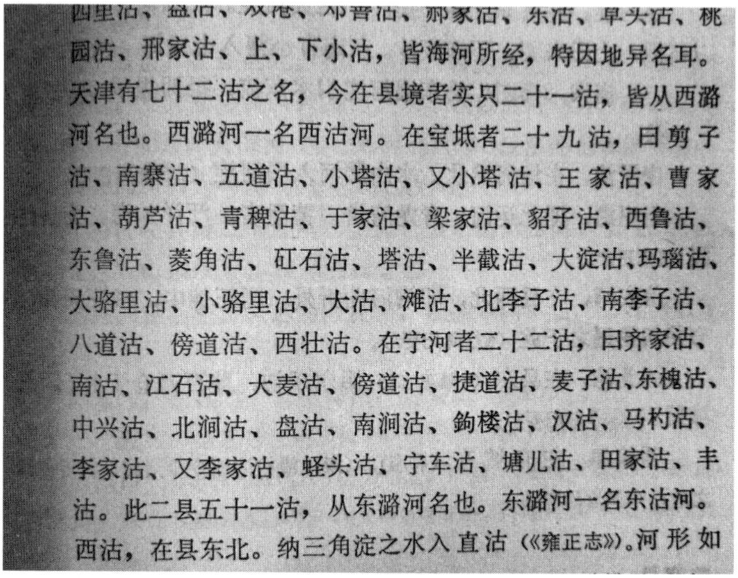

西里沽、盘沽、双港、邓善沽、郝家沽、东沽、草头沽、桃园沽、邢家沽、上、下小沽，皆海河所经，特因地异名耳。天津有七十二沽之名，今在县境者实只二十一沽，皆从西潞河名也。西潞河一名西沽河。在宝坻者二十九沽，曰剪子沽、南寨沽、五道沽、小塔沽、又小塔沽、王家沽、曹家沽、葫芦沽、青稗沽、于家沽、梁家沽、貂子沽、西鲁沽、东鲁沽、菱角沽、砙石沽、塔沽、半截沽、大淀沽、玛瑙沽、大骆里沽、小骆里沽、大沽、滩沽、北李子沽、南李子沽、八道沽、傍道沽、西壮沽。在宁河者二十二沽，曰齐家沽、南沽、江石沽、大麦沽、傍道沽、捷道沽、麦子沽、东槐沽、中兴沽、北涧沽、盘沽、南涧沽、鉤楼沽、汉沽、马杓沽、李家沽、又李家沽、蛏头沽、宁车沽、塘儿沽、田家沽、丰沽。此二县五十一沽，从东潞河名也。东潞河一名东沽河。西沽，在县东北。纳三角淀之水入直沽(《雍正志》)。河形如

图 2-27 《畿辅通志》有关七十二沽的记载

汉沽区 11 个:汉沽(区),属大田庄乡的有大马杓沽、小马杓沽,属营城镇的有蛏头沽,属汉沽盐场街的有大柳沽,属杨家泊镇的有东李自沽(原称李家沽),属后沽乡的有西李自沽、前沽(原称前勾楼沽)、后沽(原称勾楼沽、后勾楼沽)、桥沽(原称乔沽子)、崔兴沽。

宁河区 20 个:属大北涧乡的有大北涧沽、小北涧沽、中兴沽、船沽,属南涧沽乡的有南涧沽、张尔沽,属苗庄乡的有前江石沽、后江石沽、小捷道沽、中捷道沽、前捷道沽、后捷道沽、麦穗沽,属后棘坨乡的有东淮沽、西淮沽,属板桥乡的有齐家沽、大麦沽,属宁河镇的有南沽、前邦道沽、后邦道沽。

宝坻区 28 个:属欢喜庄乡的有半截沽、曹家沽、大塔沽、小塔沽、葫芦沽、江石沽、玛瑙沽、清白沽、甸沽、王道沽,属大白庄镇的有八道沽,属袁罗庄乡的有东鲁沽、前鲁沽、后鲁沽、俭字沽,属三岔口乡的有帮道沽,属

黄庄乡的有北里自沽、貉子沽，属大钟庄乡的有大沽、滩沽，属八门城镇的有于家沽、大洛里沽、小洛里沽、菱角沽、梁家沽，属林亭口镇的有南在沽（曾称南寨沽），属大唐庄镇的有南里自沽，属北潭乡的有西庄沽。

蓟州区 1 个：高家沽。

管园风景独好

管园，又称新农园、观稼园，位于今八里台与吴家窑之间的津河南岸。它的主人是民国时期著名学者、诗人管洛声。有意思的是，他在天津隐居期间，曾引进了一种名为“安国乐兔”的家畜，并通过合作社形式在家庭中推广，成为解决市民就业问题的一个路径。

管洛声（1867—1938），名凤和，一名幼安，字洛声，原籍江苏武进。晚清曾在北洋新军任职，并于1904年在天津普通中学堂（今天津三中）代理监督（校长）一职。1905年，奉调担任海城知县，数年之后升任奉天知府。在东北任职期间，曾创办《东三省公报》《海城白话演说报》，主编《海城县志》《新民府志》等地方志书。1919年8月，被推举为北戴河公益会干事，在此期间编著了《北戴河海滨志略》，为后人留下了珍贵史料。20世纪20年代管洛声退隐并定居天津，在城南八里台建筑花园，“自客津桥旁，酷肖陶彭泽。门垂柳五株，田有禾三百”。他的这几句诗，是他在天津退隐生活的写照。“结庐南郭南，只有书堪读”，颇似“心远地自偏”的陶渊明。据说，管洛声在奉天从政时，就以清廉著称，故诗人张玉裁在其1929年撰写的《九月二十五日新农园赏菊得读字》中有“当其居辽时，坚贞若松柏”诗句。

除读书外，管洛声每天有两件事，一件是艺菊。也许是受到了与之毗邻的罗园主人罗开榜的影响，管洛声同样喜欢艺菊，他从日本引进了籽粒种植法和人工授粉技术，从而使菊的品种越来越多。他还经常与罗开榜一起研讨艺菊之事，并与城南诗社诗友一起观菊、赏菊、吟菊。

另一件是饲养安国乐兔。笔者曾在1936年9月30日出版的《语美画刊》上，看到了一篇由雪庐撰写的《安国乐兔》一文，详细记载了管园主人饲养家畜的情况。据介绍，安国乐兔原产于小亚细亚一个名为“安国乐”的地方，故名。安国乐兔外形甚为美观，耳朵尖，并有一丛软毛，这个特点是区别于其他品种的“特异之标识”。安国乐兔“毛蓬松细软，欧美人用以织贴身之汗衫，医家谓易感伤风者服之最宜，妇人所用手套，幼孩所用衣帽，多喜用兔毛织者，以其纤薄而能保温也。近来航空家亦视为制航空衣之必须毛织品”。因为兔毛可以应用于纺织工业，欧美等地饲育者非常多，并直呼其为“工业兔”。

安国乐兔性情温顺，同群绝少争斗，且对食料要求不高，举凡青菜、萝卜、野草、豆饼、豆腐渣之类，均能适应。成年兔子每年可分娩4次，平均可产子24只。每年要剪兔毛4次。每星期梳毛2次，所收兔毛约10两。由于我国当时的毛织厂很少采用兔毛原料，所以国内养兔者所产之兔毛只能出口至欧美。其价格不一，最好的兔毛每磅可售10元以上。管洛声“联合有志家庭职业者，组织生产合作社，并规定凡购置此种兔者，所产之毛，一律收买代售，实为家庭职业上一绝好工业”。

李琴湘主持重阳雅集

天津城南诗社成立于1921年,是由乡贤严修创办的著名的文化社团。据陈诵洛《今雨谈屑》以及鲁人的《十年来之城南诗社》载,城南诗社初无定址,辛酉年(1921)在河北公园(今中山公园)霞飞楼,壬戌年(1922)、癸亥年(1923)之际在华安饭店,甲子年(1924)在江南第一楼,乙丑年(1925)改在明湖春。辛未年(1931),即九一八事变后,先后改在了九华楼、蜀通饭庄。

上述记载表明,自1921至1936年的15年里,城南诗社基本上以饭店作为集中活动的阵地。

另据史载,除固定社址外,李琴湘的择庐则是另外一处专门举办重阳雅集的场所。据李琴湘《重阳诗史》序言介绍,城南诗社的"重阳例会,自乙丑年(1925)至丙子年(1936),余继城南诗社后由择庐招集,每年必会,每会必诗"。"地由敝寓择庐(择庐是李琴湘的寓所,也是他别号)而查园故址(指水西庄),会友率预约或不期而至者,由九人以至三十六人……如是连续者十有二年。"其中,1936年这一次人数最多,有王豹叟、章一山、金息侯、胡季樵、管洛声、程卓沄、陈诵洛、徐震生、方地山、王什公、杨味云、郭蛰云、陈葆生、许琴伯、朱夑辰、任瑾存、刘云孙、张玉裁、杨协赓、张芍晖、马诗癯、马仲莹、张一桐、华壁臣、高凌雯、王仁安、赵幼梅、陈筱庄、姚品侯、孟定生、郭芸夫、杨子若、徐镜波、俞品三、严仁颖、李琴湘等,为历年之盛。雅集的内容除聚餐外,主要是分韵赋诗。

图 2-28　《重阳诗史》书影

城南诗社成立之初原由严修主持,按以上文字,李琴湘自 1925 年起便继严修之后主持社务。以前,学界通常以为严修去世(1929)后,才由李琴湘接任社长职务,而实际上严修早在 1925 年就让贤了,李琴湘主持社务时间长达 12 年。1937 年 7 月,日本侵略者占领天津,李琴湘为避乱远赴河南郾城,城南诗社因失去盟主,一度暂停活动。1938 年春,李琴湘返津。但由于战乱,津城已失去太平景象,"敝庐已非我有,故人无几相见"。

重阳雅集形成的诗作,多为即兴之作,而且除甲戌年(1934)、乙亥年(1935)两部诗稿已分次印行外,其他年份的诗稿并没有人刻意保存,随着时间的推移,大多诗篇都已散佚了。为保留这段历史,李琴湘回津后,对自己的一批诗稿即 101 首进行了梳理,再加上"壬戌年(1922)做会于城南诗社者 10 首,丁丑年(1937)偶成于郾城旅舍者二首,以此作为起结,共得一百一十三首。"于 1938 年重阳时付印,取名为《重阳诗史》。

津门耆宿高凌雯在《重阳诗史》序文中,对李琴湘主持重阳雅集及其诗作给予高度评价,认为"择庐之作重九也,岁必有诗,诗必因时自树一义,前后不相袭也。且读书多隶,事有法随,其心之所之俯拾即是。故无不经之语,亦无不达之衷"。

唐石父与泉州故城

1973年某一天，唐石父只身来到今天津武清区城上村进行考古调查，期间在泉州故城遗址发现一块残损的陶片，其上刻有模印"泉州"字样，这是有史以来第一次在泉州故城遗址发现此类具有指向意义的文物，从而佐证了泉州故城遗址的存在，为揭开古泉州城的神秘面纱提供了依据。

图2-29 城上村村碑

唐石父生于1919年4月8日，是天津著名的古钱币专家、地方史学者，1947年曾担任天津崇化学会教员，中华人民共和国成立后，曾任天津五十中学历史教师、天津社科院历史所研究员，与陆莘农、王襄、陈荫佛、方若、陈铁卿等津门知名学者多有往来。

泉州是秦朝(公元前 224 年)所设立的县治,其治所在今杨村西南 7.5 千米的城上村北(文物部门曾置“泉州故城”纪念碑一座)。据清顺治年间地理学者顾祖禹所著之《读史方舆纪要》载,泉州“属渔阳郡,后汉因之。晋属燕国,北魏太平真君七年(公元 446 年)废入雍奴(武清县旧称)”。康熙年间《武清县志》载:“泉州城,县(指今之城关镇)东南四十里,元顺帝常幸此,记曰幸泉州是也,遗址尚存。”另据清乾隆年间文献《日下旧闻考》载,泉州城分内城、外城。1964 年《武清县文化馆文物普查资料》曾披露:“通过勘探,查明这座古城呈长方形,东西宽约 500 米,南北长约 600 米。”据当时考古挖掘掌握的资料,古城墙宽 17 米,用土夯筑,夯层 10 厘米左右。当时,北城墙尚存 100 米残段,高约 2 米;南城墙开一门,由于毁损严重,残留部分高不足 2 米,大部分湮没在 2 米深的淤泥之下,内外城亦很难分辨。武清县文化馆的这次考古挖掘,还采集到了战国时期燕国所产的鬲、陶豆、兽纹瓦当等文物,这说明,泉州在成为县治之前,便已成为聚落。泉州聚落毗邻永定河,借永定河黄金水道,自西周、战国等数百年的发展,逐渐演变成一个辐射南北的水陆码头,这为秦时设置泉州县治打下了基础。

泉州治所被废弃后,在很长的历史时期里已不被人提起,以至于它的具体位置都无法说清。清朝乾隆年间的朝廷重臣查礼,曾到城上村凭吊。他在《铜鼓书堂遗稿》中,记载了这次行程:“出天津北门,历丁字沽,二十五里至桃花口,绕堤行三十五里路至土城。”文中所描述的“土城”位置,与乾隆年间《武清县志》地图所标识的泉州古城位置是一致的,显然该文所言“土城”是指泉州故城。

1958 年 7 月 22 日,历史学者云希正在《天津日报》发表了《北郊双口镇东北发现有战国、西汉古物》一文,据该文载,双口战国、汉代遗址出土大量陶片,完整器物有灰陶豆和带“泉州”字样的陶罐。云希正推测:“泉州据文献记载是汉时(有误,应为秦——笔者注)所置,位置在武清县东

图 2-30　泉州故城遗址碑

南四十里，与双口距离不远，双口遗址和泉州可能有一定联系。”笔者认为，双口遗址出土的文物，有可能与泉州有联系，但并未肯定。云希正发表的上述文字，又一次唤起了人们对泉州故城的兴趣。这之后的 1962 年，武清县文化馆专门组织了考古勘探，并确定了这座古城的具体位置和四至界限。作为历史学者，唐石父非常关注泉州故城遗址的消息，他并不满足于既有的推测，决定到现场去看一看，顺便寻找一下泉州故城遗址的“乡土文物”。据唐石父《小议乡土文物与地方史研究》（参见2003年6月第29期《天津文史》）一文载：“我（指唐石父）于1973年去城上调查泉州城址时，采集到一残陶片，有模印‘泉州’字样，与双口所出陶罐文字相同。由于陶片是在泉州城址采集，可以毫不犹豫地肯定此城是西汉泉州县城。”唐石父认为，地下挖掘以及所发现的“乡土文物”对历史研究，至少有三个方面的作用：创史、补史、正史。“泉州”模印陶片的发现，具有明显的“补史”作用，这是唐石父考古学思想的一次成功实践。

唐石父发现“泉州”模印陶片的历史作用应该得到肯定。

傅增湘三游盘山

据1931年12月出版的《艺林月刊》《游山专号第二卷·盘山》记载，著名教育家、藏书家傅增湘(字沅叔)曾经有过三次盘山之旅，“游屐所及，撰为记载，发为诗篇，足使山川生色”。

第一次，是在光绪壬寅年(1902)三月。当时，傅增湘从四川探望母亲后返回北京，受三河县典史高伯循先生之邀，与仲兄学渊、伯兄雨农、季弟越凡，还有伯循之弟仲礼等一起到盘山。“入山三日，凡名区胜迹咸得穷揽。”但由于时间久远，“惘然不复省记，唯挂月峰头、古塔题诗尚依微可辨”。

第二次，是在宣统辛亥年(1911)四月，当时其在直隶提学使任上，利用巡视京东州县学校的机会，与严慈约、袁观澜、赵象文一起造访盘山。“入山凡二日有半，三盘之胜揽取略遍”，“得诗二十三首”。由于是第二次故地重游，当来到古塔题诗之处，不禁想起伯循等人。

第三次，是在辛未年(1931)三月，同行者有江翼云、周养庵、周息厂、邢蛰人等四人。这次春游时间多达六天，住在天成寺的“江山一览阁”。有趣的是，“壬寅、辛亥两度入山，皆宿于此”。

傅增湘三游盘山，见证了三十年的变迁，留下了许多历史资料。20世纪的前三十年，盘山屡遭劫难，许多遗迹受到破坏，众多寺庙、古松荡然无存。如他下榻的天成寺，据当时天成寺73岁的老衲法波介绍，数年前曾“两为盗劫,寺中法物、珍品毁弃殆尽”。再如,静寂山庄,原为皇帝的行宫,“极目四望,尽为麦田。昔游所谓松阴夹道五六里者,今乃摧伐扫荡无残鳞片鬣之存,凡宫殿楼阁拆毁一空。即砌石墙砖亦连车辇载以俱尽,道旁所见,唯乱石荒基,差可指数耳”。

图 2-31　傅增湘游盘山题壁

傅增湘三游盘山,留下了许多名篇佳作,为这座京东名山增色不少。保留在《游山专号第二卷 · 盘山》中的作品,有游记 1 篇,序文 1 篇,题记 7 篇,诗作 23 篇。其诗作对天成寺、云罩寺、上方寺、少林寺、双峰寺、千像寺等名寺的描绘,犹如一幅幅清新淡雅的水墨画。如《暮抵天成寺投宿和翼云原韵》有“松奇穿石腹,塔古穴岩腰”之句,以白描手法,描绘了由松、石、塔构成的天成寺的奇特景观。《上方寺玩雨中桃花四绝》有“危楼一角压奇峰,松影苍寒石黛浓”,形象地展现了上方寺“危楼”与“奇峰”试比高低的气势。《冒雨步行五六里入少林寺》有“三松偃盖如迎跸,一塔支云似建标”,以神来之笔,概括了北少林佛塔雄奇的建筑风采。

傅增湘三游盘山,曾多次题壁留诗,为我们留下了老先生珍贵的墨宝。按照《三游盘山记》一文,傅增湘曾于壬寅年登盘山时,在挂月峰古塔题诗;第三次登临时,“夜里经商天成寺老衲法波,摩刻题名,以纪三游之事。石工每字五角,凡三十七字”,“题名正殿西廊壁上”,其题名内容

图 2-32　傅增湘游盘山碑刻

为:“辛未季春,江安傅增湘三至田盘。回忆光宣旧游,倏逾卅载。”现游人仍可在今“四正门径”附近道中见到该题壁。

永定河南岸有座玉皇阁

辽代，在今天津市武清区西南部设置了不少的营盘，这些营盘后来演变成了村落，如马营、冀营、甄家营、崔胡营等（今属黄花店镇管辖）。据老人讲，20世纪40年代，日本鬼子侵略中国时听说当地有72座军营，故没敢在这些村庄驻留。

在这兵家必争之地，历史上一直流传着一个凄美的传说：某年夏季的一天夜里，有姑嫂二仙云游至浑河（永定河）两岸，因看到浑河泛滥，灾民成群、饿殍遍野，故想拯救灾民于水火。姐俩约定用比赛的方式，在天亮前各建一座塔楼，以便让百姓有个避难之所。天未亮时，嫂子已经建完一座大阁——今黄花店镇玉后阁，她想观察一下小姑子是否建完另外一座建筑——解口古塔。于是，飞到了解口村学起了鸡叫，此时塔顶已接近完成，小姑子听到鸡叫声，以为天要亮了，情急之下，把一口大锅盖在了塔顶上，以此表示自己完成了这项工程。但这一动作被嫂子看个正着，情知输掉比赛的小姑子见到嫂子后便羞愧地逃走了……

直到现在，每当夏季来临的时候，人们仍然能够在早晨听到布谷鸟“哥姑……哥姑”的声音。民间传说，那其实是嫂子例行在每年夏天寻找小姑子的呼喊声。

传说中的玉皇阁，在武清区永定河南岸的黄花店镇，是天津发现的最古老的道教建筑（天津著名的三大道教建筑之一）。著名历史学家张次

图 2-33　无梁阁

溪先生于 1936 年出版的《天津游览志》把这座建筑作为一个旅游景点加以描述。因供奉着玉皇大帝石刻像,所以又名玉皇阁。又因通体无一根木梁,故名无梁阁。

据《畿辅通志》载,玉皇阁建于辽代会同年间(938—947),清康熙五十六年(1717)重建,清光绪二十年(1894)遭雷击受损,同年修复。另据文物专家考证,玉皇阁坐北朝南,长 8. 35 米,宽 6. 95 米,高 18 米。无梁阁原为九脊歇山顶式四层建筑，后因洪水淤积，地面上只剩下三层。每层正面均开立拱门，门额依次刻有“伏魔大帝”“玄天上帝”和“玉皇阁”字样；反面刻有福、寿、康、宁四字，每字一层。屋顶铺板瓦、筒瓦，顶脊之上簇立着狮子和鸟兽。阁内是磨盘的暗道，穹隆顶；排列整齐的洞窟里，合手端坐着无数个“小神仙”。拱眼壁内则设有砖刻玉皇大帝神像。传说，玉皇大帝是道教中职权最大、地位最高的神，他可以总管三界、十方、四生、六道和人生祸福。外檐角挂着16个铜铃，清风袭来，声脆悦耳，余音袅袅，古韵悠长（故又称铃铛阁之名）。

黄花店是一座拥有千年历史的古镇，辽代曾建有省抑宫（皇帝惩罚嫔妃的冷宫），元代时居住过数位皇后，故原称“皇后店”，黄花店系由谐音演化而来。无梁阁就坐落在镇中心十字街上，千百年来一直是武清西部地区老百姓登高赏月、庙会庆典，以及孩子们游玩嬉戏的场所。曾被列为市级文物保护单位。1976年7月18日，无梁阁被震损，人们痛心不已。1992年由当地居民集资修葺，现已成为武清区著名的旅游景点，到此旅游的人络绎不绝。

后营村有两株银杏树

据袁泽亮主编的《武清古树名木》一书载，武清区三分之二的街镇分布有古树名木，这些街镇包括高村镇、河西务镇、白古屯镇、城关镇、大良镇、河北屯镇、南蔡村镇、大碱厂镇、曹子里镇、大黄堡镇、上马台镇、梅厂镇、大孟庄镇、崔黄镇、泗村店镇、徐官屯街、东蒲洼街、下朱庄街、黄庄街等 19 个。在全部 86 株古树名木中，国槐 68 株，柏树 7 株，枣树 3 株，刺槐 3 株，银杏 2 株，龙爪 1 株，柳树 1 株，白毛杨 1 株。在所有古树名木中，树龄超过 500 年的有 16 株，主要分布在北运河两岸及城关、崔黄口、河北屯、泗村店及大良等历史悠久的名镇名村。关于这些古树名木，民间有许多传说故事，寄寓了老百姓对未来的期许和良好愿望。

在众多古树名木中，两株树龄超过 800 年的“银杏王”最为有名，在百姓心目中拥有崇高的地位。

银杏树为我国特有树种，有“活化石”之称。据说，银杏树适应能力极强，轻易不会枯死，所以有“长寿树”的美誉。这两珠“银杏王”坐落在大良镇后营村村委会院内(原为村内的小学校)，都是雄性树种，相距 10 米。西侧那一珠树胸径 144. 3 厘米，树高 23 米，冠径：东西 12 米，南北 27 米；东侧那一珠胸径 144. 3 厘米，树高 21 米，冠径：东西 17 米，南北 20 米。有关部门确定的树龄是 800 余年。1999 年，在天津市评选首届“花魁”“树王”工作中，两株银杏树荣获“银杏王”称号。

图 2-34 后营村的银杏王

2018 年 5 月间,我曾专程去后营村考察,当时正赶上一位老大爷“吸氧”。老大爷是南蔡村镇前崔庄的(离后营村很近),姓季,已经 83 岁了,家住武清区的静湖小区。据他介绍,他年轻的时候,后营村还有一座古庙,在银杏树的北侧,而不是通常说的南侧。这两株“银杏王”,树龄肯定不止 800 年,他估计至少在 1000 年以上。理由是,他见过很多银杏树,直径小于这两株古树而树龄超 800 年的有不少,而这两株银杏树,树的周长达 4 米,高达 20 多米,远远超过其他古银杏树。老大爷会气功,他说他每天都到这里来吸氧气。他吸氧的方式,是紧贴树皮,氧气会被他吸进去。这种方法不适用于普通人,原因他须有气功功底,可以通过发功,建立与大自然的联系,天地之间的灵气,被他接收过来,可以做到天人合一。

老大爷会不会气功,我并不在意,但他提供的有关这株古树的信息是值得重视的。宋辽并立时期,武清曾为辽的领地,辽在武清境内设置了众多兵营,所以直到现在,武清仍有不少以“营”字命名的村庄,仅在大良镇,就有东营、西营、后营、北小营等,它们都是辽代的古营盘。若按照辽的存续时间推算,这株古树的树龄应当在 894 年至 1103 年。若此,老大爷的说法或许有一定道理。

第三编

地质与特产

天津土特产的奥秘

天津地质条件复杂，种类各异的自然条件，成就了许多独具一格的土特产。如津南区的小站稻、蓟州区的板栗、武清区的红小豆及东马房的打瓜等。土特产与水土有关，这是多数人的认识和自然的联想。但若细究其中的原因，则并不是每个人都能说清楚。而科学家则告诉我们，土特产决定于特定的地质背景。

图 3-1　北运河板兰根种植基地

这里所说的地质背景(地质体),是指地层、岩性及控制岩层分布的地质构造等因素的总和。众所周知,陆地表层都是由各类岩石及沉积物(统称为地质体)组成的。这些岩石及沉积物决定着微量元素的迁移、聚集,控制土壤的成份、结构和分布,进而影响农作物的生长。

作物与微量元素的关系非常密切。植物营养学原理告诉我们,铁、锰、锌、铜、硼、钼、氯等微量元素,在生态环境系统和植物自身系统中保持着动态平衡,对植物生长和品质的形成有着非常重要的作用。不同元素的组合,以及某些元素的不足或过剩,往往对作物的品质产生重要影响。调查表明,本市蓟州西北部石英二长岩、石英闪长岩风化后形成的麦饭石分布区最适宜板栗生长。因为这些地方的土壤含有丰富的钾、锌、锶、铁等元素。

土壤中微量元素含量、分布及组合特征则主要是由下伏的地质体决定的。这些地质体不仅是形成土壤的基础,也是作物和人畜所需各种微量元素的主要来源。花岗岩形成的土壤含有锶、钾、锌等微量元素,但缺钙、镁,呈酸性;寒冷地区灰岩形成的黄色土壤,往往偏碱性;热带暖湿地区灰岩形成的红、黄土偏酸性;石英砂岩形成的土壤,其微量元素含量则非常稀少。

图 3-2　武清区东马圈特产——打瓜

近年来,土特产与地质背景关系研究引起有关部门的重视。从 1999 年 10 月开始,科学家们在天津市范围内,开展农业地球化学背景调查,对土壤营养元素和环境质量进行了地球化学评价,对盘山柿子、宝坻“三辣”、茶淀葡萄、沙窝萝卜等土特产的土壤地质背景进行了分析,划定了高产优质土特产生长最适宜的区域。同时,他们选取了宝坻区黄庄镇、宝坻区王卜庄镇南高村等土壤营养元素不足区，分别进行了水稻、大葱、大白菜等农田小区施肥试验，取得了显著的增产效果。

值得注意的是，一些地方不顾地质背景与土特产之间的关系，盲目扩大土特产的种植面积，导致植物病变，或造成品质及产量下降，出现了人们常说的“水土不服”现象。因此，扩大土特产的种植面积一定要尊重科学。

杨村萝卜脆如梨

“声声唱卖巷东西,不数茨菰与勃脐。烂嚼胭脂红满口,杨村萝卜脆如梨。”这是清代道光年间津门诗人崔念堂在《津门百咏》中吟诵的诗句。

崔旭(1767—1846),字晓林,号念堂,庆云(今属山东)人。嘉庆五年(1800)举人,与梅成栋称“燕南二俊”,曾任山西蒲县令,政声甚佳。著有《念堂诗草》《念堂诗集》《津门竹枝词》《太原竹枝词》等。这首名为《杨村萝卜》的诗,即是作者经北运河赴京城时的所见所闻。那个时候,作为运河节点之一的杨村码头设有集市,故诗人能闻道“声声唱卖巷东西”的吆喝声,这是诗人笔下杨村市井的真实写照。

杨村萝卜属十字花科植物,清朝时已是武清著名的特产。旧时,萝卜主要产于北运河两岸。北运河古称白河、潞河,发源于北京密云,由于长时间的冲蚀作用,河水中夹带着富含营养的泥沙,每当北运河决口时,这些泥沙便在运河两岸堆积沉淀,使得以杨村为核心的运河周边地区成为沃土,为萝卜的生长提供了营养条件。

杨村萝卜喜沙性土壤,其生长范围不仅限于杨村,今武清区南部的汊沽港、石各庄、陈咀等镇域,清朝及民初时尚属永定河泛区,由于地势被抬高,土壤为沙性且营养丰富,亦适宜种植萝卜。萝卜一般在 8 月份种植,生长期约为 70 天。杨村萝卜为长圆形,长约 20 厘米,直径在 6—8 厘米,重 1 千克左右。皮为青绿色,肉有绿色、紫色两种。其中紫色萝卜又称花心萝卜,具有皮薄、细嫩、酥脆、多汁、甜辣、耐藏等特点。吃起来清凉爽口,所以“烂嚼胭脂红满口”并非夸张。杨村萝卜既可生食,亦可作汤,还可作为配料做冷菜。秋后,把它切成条晒干腌制,可作为冬春咸菜食用,口味颇为独特。

杨村萝卜中维生素C的含量,高于梨、苹果数倍,它还含有大量的淀粉酶,可以分解淀粉,帮助消化;它所含的芥籽油,还具有促进食欲的作用。中医认为萝卜味甘辛、性微凉,可健胃消食、止咳化痰、顺气利尿。所以,武清有民谚云:“萝卜就热茶,气得大夫满街爬。”

最近几年,武清区的萝卜种植已扩大到全区不少村镇,最有名的是大良镇的田水铺萝卜。该村的萝卜以温室种植为主,具有外皮光亮、口感脆甜、营养丰富等特点,赢得了“水果萝卜”的美誉,曾在2007年获得国家绿色食品认证。

旧时的农村生活不富裕,吃不起水果,每至冬日,专卖萝卜的小商小贩,背篓提篮,走村串巷,拉着长声吆喝着:“好吃不辣地——脆萝卜”。于是,一家人在茶余饭后,买个萝卜,权当水果去解馋。小贩销售手法亦极零活,既可按个出售,亦切成小条(称“劈”)卖(我小时候1分钱给2条),而且糠了不要钱。

如今在武清乡间,已很少有人提及杨村萝卜。在故乡的小胡同里,偶尔还可听到拉长声的吆喝声,仿佛就是一曲美妙的音乐,令人回味无穷。

芍药曾被选为天津“市花”

1928年11月20日,《北洋画报》向读者公开征选天津市“市花”。1929年1月5日,《北洋画报》刊载《市花答案揭晓》一文,“前本报征求关于天津市花答案,蒙阅者纷纷投函,年前已接有百数十件,惟以选举芍药者为最多。芍药前有王小隐君倡之于先,复经众意公选于后,故本报即假定芍药为天津市市花”。

芍药是我国传统名花之一,因其花色艳丽,花冠硕大,花形妩媚,而与牡丹并称为“花中二绝”。在古代,人们曾利用芍药作为信物,表达结情之约或惜别之情,其作用类似于现在的玫瑰,能够提供佐证的是《诗经》中的《溱与洧》一诗:“维士与女,伊其相谑,赠之以芍药。”芍药还因其美丽而含蓄的性格而成为诗人笔下吟诵的对象。唐朝诗人元稹写过一首《红芍药》,内有“芍药绽红绡,巴篱织青琐。繁丝蹙金蕊,高焰当炉火”的诗句。韩愈对芍药更是情有独钟,其《芍药花》一诗言:“花前醉倒歌者谁,楚狂小子韩退之。”关于为什么要组织“市花”评选活动,1928年11月15日,《北洋画报》刊载了该报主编王小隐的《天津市花问题》一文,他在文章中对此作了这样的诠释:“我国夙以牡丹为国花,正大堂皇,涵融万有,泱泱大国之风也。比者南京以兰花为市花矣,北平以菊花为市花矣,而天津一市为东方重镇,华北巨埠,若不速定市花,以资象征,非徒相形见绌,抑且不免简陋。想市政府诸公擘画周详,即使天津市日臻美化,则市花之规定，亦必不容视泛常，而津门士女，当更有以热诚希望此市花之早日规定者矣。”按照上述说法，当时的大城市如南京、北平都有市花，而北方巨埠的天津还没有，因此，津门百姓希望天津也有自己的市花。

那么，为什么芍药会被天津市民推选为“市花”呢？按照《北洋画报》确定的标准，被评为市花须具备如下五个条件：一是易于培植，二是普通易见，三是为人喜爱，四是符合本地人的性格，五是富有意义。按照上述标准衡量，“则天津市花之选，殆无过于芍药矣”。芍药“津门繁殖亦易，一也。三春初暖，则家家盆盎咸有此卉，二也。色既艳美，态复娉婷，为多数人所爱赏，三也。芍药之开，多在春残，桃李既谢，夏木初荣，芍药乃通春夏之邮，此与津门沿海之区，常得风气之先，又富保守之性，若合符节；况复婀娜之中，饶有刚健之意，艳冶之外，别具朴素之风，四也。北平既为历史上之都城，而平津密迩，势若陪邑，牡丹既称国花，芍药乃为市艳。两花有相似之点，允宜以类相从。牡丹既为药品，芍药亦可疗疾，津门工商之区，市花亦裨实用。津门为近海之区，芍药有迎风之韵，芍药为赠别之花，津门绾交通之枢，五也。具此五端，谨请以芍药为天津特别市市花，以媲美于南京之兰与北平之菊”。

蓟州矿产知多少

在漫长的地质时期,剧烈的地壳运动和广泛的沉积活动、风化作用,造就了蓟州的山山水水,形成了丰富的矿产资源,为蓟州的经济发展增添了许多亮色。

据地质工作者调查,天津市矿产资源具有能源矿产相对丰富、水资源不足、非金属矿产储量规模较小,金属矿产零星分散的特点。能源矿产具有比较优势。石油、天然气的开发在天津市占有重要地位,已探明的中低温地热资源总量及开发利用程度居全国前列。截至2018年底,天津市共发现矿产35种(亚矿种45种),已探明储量的矿产有18种。能源矿产有5种,分别是煤、石油、天然气、地热、煤成气等;金属矿产有6种,分别是锰、铁、钨、钼、铜、金;非金属矿产有21种,分别是重晶石、硼、硫铁矿、磷、含钾岩石、泥炭、白云岩、天然石英砂、石灰岩、页岩、粘土、大理岩、花岗岩、麦饭石、贝壳、石英岩、陶瓷土、辉绿岩、天然油石、海泡石粘土、透辉石等;水气矿产有3种,分别是地下水、矿泉水、二氧化碳气等。这其中以蓟州为最多。在整个蓟州一千多平方公里的土地上,共发现各类矿产四十余种,其中具有开采价值的有煤、矿泉水、地下水、大理石、花岗石、白云石、石灰石、麦饭石、重晶石、紫砂陶土等二十余种,矿产资源的潜在价值超过1000亿元。蓟州的矿种之多、储量之大、丰度之高,在北方地区实属罕见。

蓟州的煤，分布在南部的下仓一带，已探明两个井田，即大高庄井田和大杨各庄井田，总储量为 3.8 亿吨，若建成百万吨级的煤矿，可供开采 300 年。

大理石、花岗石是非常流行的建筑饰材，目前已探明的总储量约为 2900 万立方米，有墨玉、雪花白、奶油黄、春草绿、猪肉红等不同花色，是本市极具开发潜力的矿产。

紫砂陶土，其矿物成份为伊利石页岩，是生产陶器的最佳原料。科学家通过对比研究，发现蓟州紫砂陶土的各项物理、化学指标均优于著名的宜兴陶土。目前，已探明的储量为 1.3 亿吨，远景储量 8 亿吨。许多人据此预测，蓟州将在 21 世纪，将成为我国北方的陶都。

人们都说蓟州的水好喝，这话其实一点不假。因为毫不夸张地说，蓟州的地下水都是矿泉水。矿泉水是地下水与周围岩石，经过亿万年的溶滤作用形成的。它含有多种有益人体的矿物质和微量元素，是最适宜饮用的纯天然的"绿色饮料"。蓟州的矿泉水集中分布于盘山周围的花岗岩裂隙、中上元古界白云质灰岩和奥陶系灰岩裂隙当中，仅官庄盆地十几平方公里的范围内，就蕴藏着可采资源量 3000 万立方米/年。还有下仓水源地、西龙虎峪水源地，也都符合饮用矿泉水的指标要求。据此计算，蓟州矿泉水可采资源量可达 1 亿立方米/年。丰富的资源吸引了国内外的投资商，使蓟州形成了本市乃到北方地区的重要的矿泉水产业基地。

锰方硼石，是 20 世纪 60 年代发现于美国的一种新矿物。而世界上唯一形成矿床的锰方硼石矿则分布于蓟州(储量 24 万吨)。该矿除在冶金、电子等领域的常规用途外，在航天、核工业、材料工业等方面具有广泛的应用前景，是一种潜在的具有战略意义的矿产资源。

蓟州还曾是本市重要的建材基地，最高峰时年生产建筑用石料、砂料超过 1 千万吨，水泥用石灰岩 400 万吨，高速公路面石 100 多万吨。这些矿产资源的开发，促进了农村经济和乡镇工业的腾飞，也带动了相关产业的发展。

图 3-3　蓟州山区景观

盘山矿泉水全国最好

蓟州是我国北方不可多得的优质矿泉水产地，是目前为止全国四个最大的矿泉水基地之一。

矿泉水是指由地质作用形成的，以含有一定量的矿物盐或二氧化碳为特征，来自地下深部循环的天然露头（泉眼）或人工揭露的地下水（水井）。根据《饮用天然矿泉水》国家标准，凡是偏硅酸、锶、锂、锌、溴、碘、硒，以及游离二氧化碳、矿化度等九项指标其中之一达到规定的界限指标数值，即可称为饮用天然矿泉水。当然，作为矿泉水，其污染物、微生物和限量指标也要符合规定的数值界限。

《本草纲目》认为："土为万物之母，水为万物之父，食之于土，饮之于水。"可见，饮水与生命的关系是十分密切的。现代医学已经证实，矿泉水具有独特的饮疗作用，比如，含锶矿泉水能够调节中枢神经系统，增强造血机能；含碘矿泉水是人体一种新的补碘途径；含砷矿泉水，能够促进血液的形成；含氡矿泉水，能促使皮肤血管收缩和扩张，调整心血管功能，具有镇静和催眠作用；最常见的硅酸类型的矿泉水，对骨骼的钙化作用有影响，在关节软骨和结缔组织的形成中是必不可少的，对消化道系统的疾病也有一定疗效。根据医学实践，全部九个类型的矿泉水，对人体各系统的近四十种疾病存在着不同的医疗保健作用。

蓟州位于天津市北部的燕山山脉，汉朝称之为渔阳郡，自古以来便是

图 3-4　地质工作者考察中上元古届地层剖面

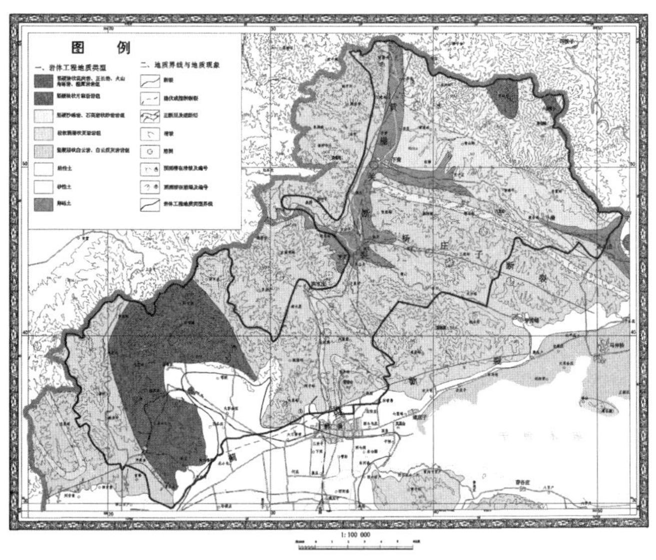

图 3-5　蓟县国家地质公园

我国北方文化最为发达的地区之一。如今作为市辖区的蓟州，其山区面积727平方公里。境内岩层多样，构造复杂，植被茂盛，自然条件十分优越，加之适宜的气候条件，这就为矿泉水的形成提供了丰厚的物质基础和良好的环境条件。概括来说，蓟州矿泉水资源的赋存和分布具有如下几个特点：一是资源丰富，分布集中。已发现和评价的矿泉水井（产地）三十余处，年可采总量3000万立米。其中位于盘山的东南山脚下的官庄盆地是矿泉水集中分布区，也是本市最大规模的优质矿泉水田。二是赋水层位和岩性多样。据目前资料，赋水层位和岩性有：中上元古界的龙山组和雾迷山组灰岩和砂岩；古生界的寒武系府君山组灰岩，奥陶系马家沟组灰岩；新生界第三系馆陶组砂砾岩，第四系砂层；印支期火山侵入岩（含斑石英二长岩）。其中分布于盘山东南部的侵入岩是矿泉水的主要赋水层位。三是类型较多，水质较好。从水化学特征和矿物盐含量来看，蓟州矿泉水以低矿化度、低钠、碳酸钙型的矿泉水为主，是国际上较为流行的淡味矿泉水。从矿泉水界限指标来看，主要有三个类型，即偏硅酸、锶、锂，以及它们的复合形式。其中，又以偏硅酸和锶两个类型较为普遍，其次为锂型。现如今，蓟州矿泉水已走进天津城乡千家万户，成为人们日常生活不可或缺的健康饮品，故一位诗人慨叹道："深知中华长生药，不及盘山一清泉。"

作为一种宝贵的矿产资源，矿泉水是在特定的地质条件下形成的，并不是每个地方都能产生并形成矿田。因此，在开发利用过程中，我们要倍加珍惜和保护。

笄头山下有温泉

细心的人会发现这样一种现象,蓟州山川秀美、景色宜人,但唯独缺少温泉,而与之毗邻的宝坻区,没有绵亘的群山,但却有汩汩热流从地下涌出,并成为吸引60亿元投资(温泉度假区)的一棵梧桐树。这多少让有“后花园”之称的蓟州少了点灵气,同时也使拥有众多风景区的蓟州逊色许多。

难道蓟州真的没有温泉吗?不是的。据《畿辅通志》载,“蓟州温泉,笄头山(即府君山)所出,浴之能治百病”。该文献同时记录了与蓟州毗邻的玉田、遵化县的两处温泉。可见,蓟州温泉早已有之。1939年10月,我国著名医学家陈炎冰编著了一本《中国温泉考》,其中有关于蓟县温泉的记载,原文这样表述:“蓟县温泉。在蓟县之笄头山,《太平寰宇记》:‘泉浴能治百病。’”可惜,这一记载,被人们长时期忽略了,以至于从来没有人在蓟州进行过专门的地质工作。

图3-6 《中国温泉辑要》书影

第一次对蓟州温泉进行科学分析的是我国著名的地学前辈章鸿钊先生。他在1926年编写《中国温泉辑要》时,曾对温泉分布与地质构造关系进行了分析，认为河北北部（含蓟州）温泉出露与东西向的褶皱关系密切，即地下热能沿裂隙上升，使地下水温度升高，同时与周围岩石发生化学作用，进而形成富含矿物质和热能的温泉。他的这一认识，已为近年来科学调查结果所证实。据地学专家最近查证，目前在蓟州至少出露四五处温泉，温度普遍高于30℃，它们均分布在山前断裂一线，与章鸿钊的推论一致。此外，2011年，有关部门曾在蓟县盘山南麓打出温度48℃的温泉水，自流量每天高达1000多立方米，为上述记载提供了一个佐证。

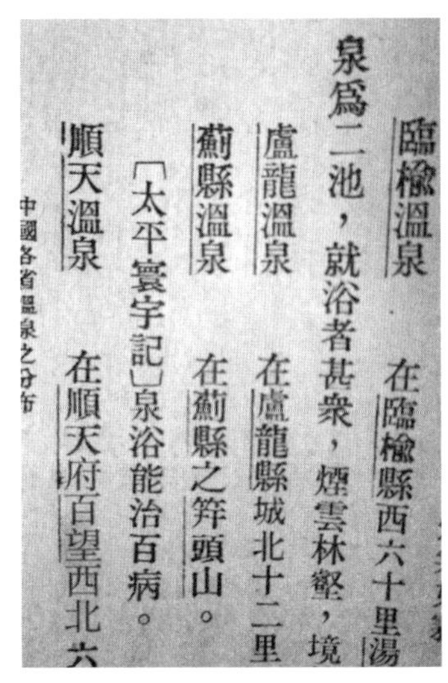
臨榆溫泉　在臨榆縣西六十里湯泉爲二池，就浴者甚衆，煙雲林壑，境

盧龍溫泉　在盧龍縣城北十二里

薊縣溫泉　在薊縣之筓頭山。

〔太平寰宇記〕泉浴能治百病。

順天溫泉　在順天府百望西北六

中國各省溫泉之分布

图3-7　文献里的蓟州温泉

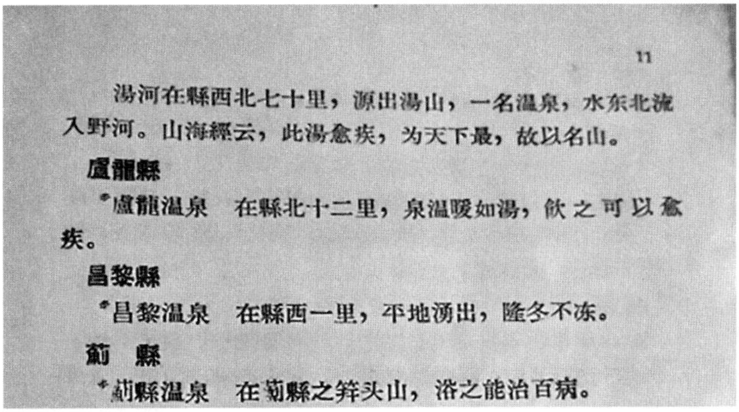

11

湯河在縣西北七十里，源出湯山，一名温泉，水东北流入野河。山海經云，此湯愈疾，为天下最，故以名山。

盧龍縣

*盧龍温泉　在縣北十二里，泉温暖如湯，飲之可以愈疾。

昌黎縣

*昌黎温泉　在縣西一里，平地涌出，隆冬不冻。

薊　縣

*薊縣温泉　在薊縣之笄头山，浴之能治百病。

图3-8　《中国温泉辑要》有关蓟县温泉的记载

温泉是集矿、热、水为一身的极为珍贵的矿产资源。蓟州温泉的勘探与开发，必然带动蓟州旅游业的大发展，这对于天津人来说，真是一大福音。

亿年瑰宝叠层石

在天津自然博物馆大门口，矗立着一块重达 19 吨的叠层石，这块距今已有 10 多亿年的石头，引起了游人的广泛兴趣。那么，什么是叠层石，叠层石有什么意义？

图 3-9　叠层石(津石)雕刻艺术品

叠层石，是在藻类参与下形成的石灰岩质化石，在燕山山脉的上元界长城系、蓟县系、青白口系地层(约 10 亿至 18 亿年前)均有分布，从生物学角度上分,共计 34 个群、58 个形。其中长城系雾迷山组(14 亿至 12 亿年)燧石相微生物群,形态复杂、类型多样,其保存完好程度为世界所罕见。

1930 年,著名地质学家、中国科学院院士高振西最早发现了“蓟县剖面”和分布其中的叠层石。此后数十年里,国内外许多单位和地质学家先后对此进行了研究,取得了丰硕成果。

图 3-10　叠层石工艺品

蓟州叠层石以铁岭沟、邮局沟一带分布最为典型。具有规模大、颜色丰富、形态多样的特点。叠层石的意义有三个方面:其一,生物学意义。它是认识和研究地球早期生物演化和发展规律的实物标本。如长城系团山子组多细胞藻类化石距今已有 17 亿年历史,是世界上已知的最古老的多细胞藻化石,较 9 亿年国际公认的多细胞生物出现的年代提前了 8 亿年。其二,天文学意义。为研究地球运转规律提供佐证。叠层石的每一对亮暗纹理都是在昼夜之间形成的,每一年的纹理又有明显的季节差别,这样,只要将亮暗纹理数目记算出来,就知道一年的天数。其三,地质学意义。叠层石是研究古地理、古气候的实物标本,是划分地层的重要依据。

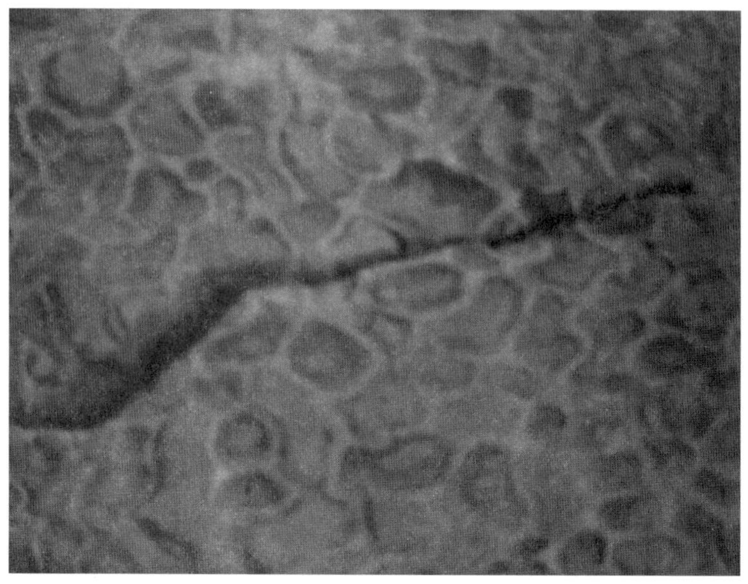

图 3-11　蓟州的叠层石(津石)

此外,叠层石还具有一定的工艺价值。一些叠层石呈层状、波纹状,经抛光打磨后,具有色彩绚丽、纹路清晰、图案丰富的特点。上等的叠层石具有自然生成的图案:有的似山水,层峰叠翠、飞瀑流霞;有的如花鸟,鹭宿芦苇、轻波荡漾。可加工成石画、石碗、手镯、砚台等工艺品。其在工艺上的价值与玉石并无二致。

古文献里的津沽矿产

民国以前文献,有关天津古矿的记述颇少。笔者曾翻阅了数十部典籍,搜罗了十几条古矿资料,并对部分古矿进行了查证,涉及金、铁、石、盐、泉等,现择其要者介绍如下。

1.《水经注》记载:“无终山即帛仲理所合神丹处也。又于是山作金五千斤,以救百姓。”无终山现在称府君山,在蓟州城关北。该地分布着大面积的沉积地层,主要是中上元古界的蓟县系和青白口系两套古老地层,局部则有石英岩脉出露,因此发现金矿是可能的。

图 3-12　《天津市区域地质志》书影

2.《太平寰宇记》记载:“蓟州垣墙山一名万安山。其下有旧有铸铁处。”有关万安山,稽诸史册,不见其名。但蓟州有铁矿则是千真万确的。

3. 杜绾《云林石谱》记载:“燕山石出水中,名夺玉,莹白,坚而温润。土人琢为器物,颇能混真。”地学界前辈章鸿钊先生在其《古矿录》一书中,认定该石出自蓟州。笔者根据其描述的情况，判断其应该属于大理石矿（俗称汉白玉）。该矿位于蓟州伯王庄、双庵等村，除白色外，尚有黑色、紫色、黄色等诸色。

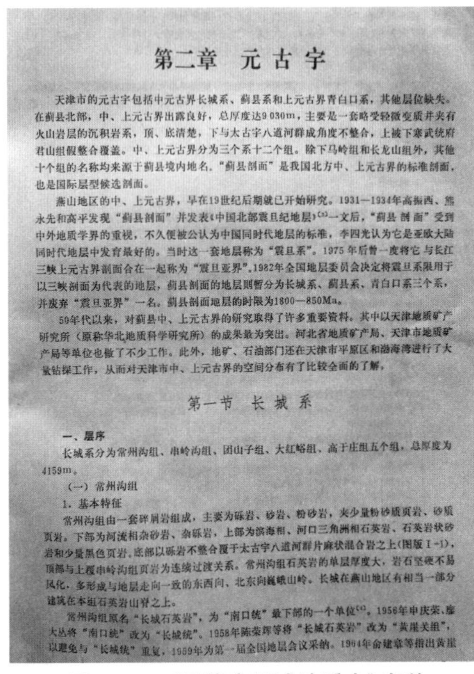

第二章　元古宇

天津市的元古宇包括中元古界长城系、蓟县系和上元古界青白口系，其他层位缺失。在蓟县北部，中、上元古界出露良好，总厚度达9 030m，主要是一套略受轻微变质并夹有火山岩层的沉积岩系，顶、底清楚，下与太古宇八道河群成角度不整合，上被下寒武统府君山组假整合覆盖。中、上元古界分为三个系十二个组。除下马岭组和长龙山组外，其他十个组的名称均来源于蓟县境内地名。“蓟县剖面”是我国北方中、上元古界的标准剖面，也是国际层型候选剖面。

燕山地区的中、上元古界，早在19世纪后期就已开始研究。1931—1934年高振西、熊永先和高平发现“蓟县剖面”并发表《中国北部震旦纪地层》[3]一文后，“蓟县剖面”受到中外地质学界的重视，不久便被公认为中国同时代地层的标准，李四光认为它是亚欧大陆同时代地层中发育最好的。当时这一套地层称为“震旦系”。1975年后曾一度将它与长江三峡上元古界剖面合在一起称为“震旦亚界”。1982年全国地层委员会决定将震旦系限用于以三峡剖面为代表的地层，蓟县剖面的地层则暂分为长城系、蓟县系、青白口系三个系，并废弃“震旦亚界”一名。蓟县剖面地层的时限为1800—850Ma。

50年代以来，对蓟县中、上元古界的研究取得了许多重要资料。其中以天津地质矿产研究所（原称华北地质科学研究所）的成果最为突出。河北省地质矿产局、天津市地质矿产局等单位也做了不少工作。此外，地矿、石油部门还在天津市平原区和渤海湾进行了大量钻探工作，从而对天津市中、上元古界的空间分布有了比较全面的了解。

第一节　长城系

一、层序

长城系分为常州沟组、串岭沟组、团山子组、大红峪组、高于庄组五个组，总厚度为4159m。

（一）常州沟组

1. 基本特征

常州沟组由一套碎屑岩组成，主要为砾岩、砂岩、粉砂岩，夹少量粉砂质页岩、砂质页岩。下部为河流相杂砂岩、杂砾岩，上部为滨海相、河口三角洲相石英岩、石英岩状砂岩和少量黑色页岩。底部以砾岩不整合覆于太古宇八道河群片麻状混合岩之上（图版Ⅰ-1），顶部与上覆串岭沟组页岩为连续过渡关系。常州沟组石英岩的单层厚度大，岩石坚硬不易风化，多形成与地层走向一致的东西向、北东向巍峨山岭。长城在燕山地区有相当一部分建筑在本组石英岩山脊之上。

常州沟组原名“长城石英岩”，为“南口统”最下部的一个单位[4]。1956年申庆荣、廖大丛将“南口统”改为“长城统”。1958年陈荣辉等将“长城石英岩”改为“黄崖关组”，以避免与“长城统”重复，1959年为第一届全国地层会议采纳。1964年俞建章等指出黄崖

图3-13　《天津市区域地质志》有关天津地质变迁的描述

4.《畿辅通志》记载：“蓟县温泉，在蓟县之笄头山，浴之能治百病。”过去，地学界一直以为，蓟州位于宝坻断裂以北，古老地层均暴露于外，不利于热能的富集，故蓟州无温泉。但近年来，地质人员发现了一些温泉点，打破了传统的认识。古温泉的记载恰好印证了上述发现。

5.《汉书·地理志》记载，渤海郡章武有井盐。章武即现在的静海、沧县一带。据调查，天津东部平原之下，普遍分布着大面积的卤水，井盐的记载是可靠的。

6.《后汉书·郡国志》记载，“泉州有铁”。泉州在今武清区城区西南7.5千米左右，为平原沉积地层。松散沉积达数千米，不具铁矿分布条件。看来，这条记载是错误的。

7.《宁河县志》记载：“跑马泉在县南蛏头沽，唐太宗征高丽时经此地，海水咸不可食，忽马跑地得泉，饮之甘冽，兵士皆于此取给焉。”有关泉水的记载，以往不鲜见。但在平原中发现泉水则十分少见。笔者认为，蛏头沽一带有贝壳堆积，适宜地下水形成和储存，并与深部咸水存在着隔离层，因此，在低洼处，借助于重力作用，甘泉水涌出地表则是完全可能的。

蓟州的真金白银

《水经注》记载："无终山（蓟州的府君山）即帛仲理所合神丹处也。又于是山作金五千斤，以救百姓。"可见蓟州黄金资源早已闻名于世。

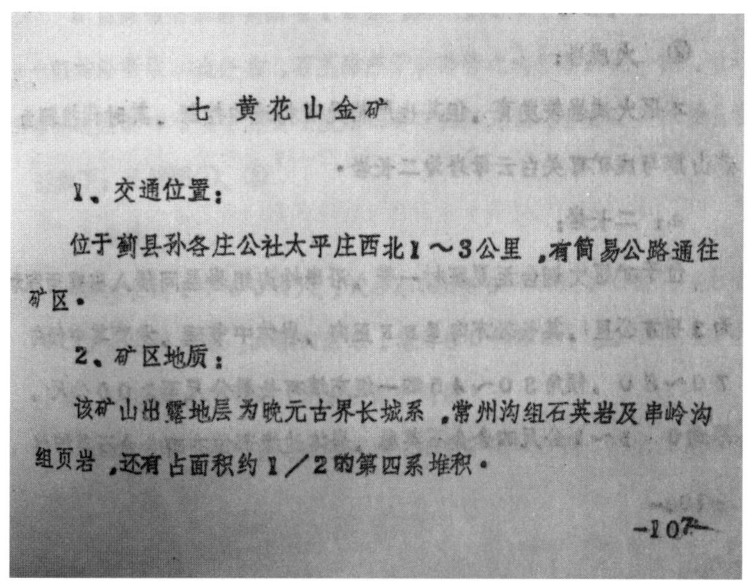

七　黄花山金矿

1、交通位置：

位于蓟县孙各庄公社太平庄西北1～3公里，有简易公路通往矿区。

2、矿区地质：

该矿山出露地层为晚元古界长城系，常州沟组石英岩及串岭沟组页岩，还有占面积约1／2的第四系堆积。

-107-

图 3-14　蓟州黄花山金矿史料

根据地质资料，蓟州的金矿有岩金、砂金两类。岩金主要产地在孙各庄黄花山一带，含金石英脉产于长城系常州沟组石英岩、串岭沟组页岩。另在南山村、蚂蚁沟等处，发现含金石英脉矿，赋存在蓟县系雾迷山组、太古宇片麻岩中,含金量较高。在刘庄子一带发现的含金石英脉,赋存在串岭沟组页岩破碎带中。黄花山金矿在日本侵华时期,曾遭掠夺性开采,地表30米以内深的老硐繁多,有些地段已采空。1989年,天津市地质部门作了普查评价,其矿石含金品位为5.42克/吨,伴生银矿品位为4.93克/吨,远景储量可达数吨。

砂金分布在北部山区西岫子一带,矿体赋存在第四系含泥砂砾石堆积层底部,成不稳定层状,自然金粒态不规则,矿区平均品位0.417克/立方米,平均厚度1米以上。

20世纪30年代,著名地质学家潘钟祥在蓟州进行调查时,就曾发现了银矿。目前,银矿尚未发现独立矿床,但在黄花山金矿区和太平庄一带的钨矿中发现了伴生银矿(太平庄银矿品位36.2克/吨)。另在铁冒及白土岭一带石英脉型铜矿中,发现品位很高的银矿点,为寻找银矿提供了线索。

蓟州也有宝玉石

玉石、彩石具有质的细腻、颜色多样、花纹美丽、光泽柔和等特点，可广泛用于饰面、印章、园艺及各种工艺雕刻。

蓟州玉石、彩石主要有四类。第一类是石灰石质彩石，包括豹皮状石灰石和叠层石，分布于元古界和寒武系地层。以灰色调为主，具有独特的豹皮状花纹和丰富的纹理构造，是弥足珍贵的复合型彩石。第二类是大理石质彩石。宋朝杜绾所著的《云林石谱》记载："燕山石出水中，名夺玉，莹白，坚而温润。土人琢为器物，颇能混真。"地学界前辈章鸿钊先生在其《古矿录》一书中，认定该石出自蓟州，俗称墨玉或彩玉。它出

图 3-15　蓟州的象鼻山

于蓟州的伯王庄和双庵两地,有黑色、白色、黄色、绿色、紫色等品种。光泽柔和、抗压性强。可制成摆件,挂件等工艺品,也是非常好的建筑饰材。第三类是花岗石质彩石,分布于盘山和朱耳峪中生代侵入岩体内。具有石质坚硬、颜色美丽、光泽透亮等特点,是较为流行的建筑饰材。第四类是石英质彩石,位于北部的黄崖关、八仙山等地,分布于长城系常州沟组地层当中。颜色洁白、结构致密、光泽温润,可制成摆件、挂件。

近年来,一些厂家以蓟州玉石、彩石为原料,生产挂件、饰件、摆件、砚台、健身球等工艺品和日用品,丰富了旅游商品市场,带动了地方经济的发展。

地下的煤和煤层气

煤被人们习惯上称为“黑金”，它是地质时期，堆积的植物遗体经过复杂的生物、化学作用而形成的一种矿产。

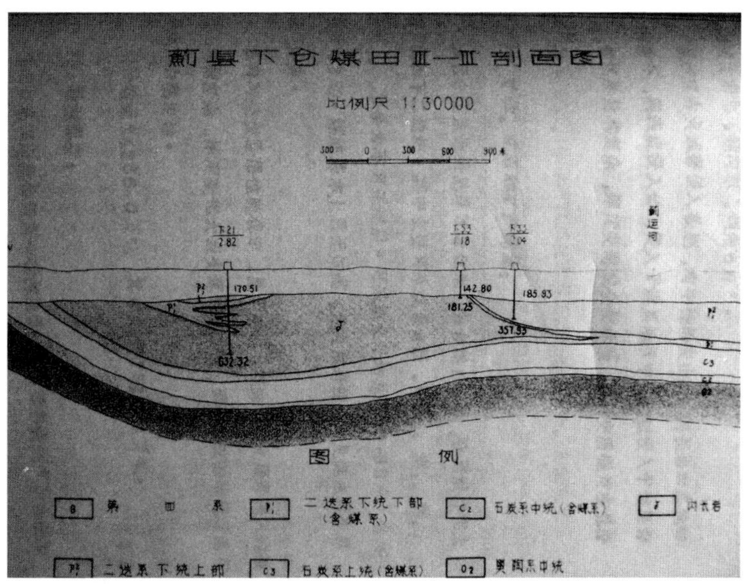

图 3-16　下仓煤田剖面图

距今约 3.5 亿至 2.3 亿年前，也就是地质时期的石炭纪和二叠纪(我国的主要成煤期)，天津正处于华北地区的陆相沉降中心，因此，具有含煤地层厚，范围广等特点，煤炭资源非常丰富。经过几十年的普查和勘探工作,目前,天津市煤炭资源情况已经查明:在平原区第四系和第三系松散盖层之下,分布着石炭—二叠系和中生代侏罗系两套含煤地层,总面积近5500平方公里,占全市面积近50%。根据埋藏特点,划分为浅埋区和深埋区两个范围。

浅埋区在宝坻断裂以北的平原区。该区基岩埋藏浅,在300—1000米。经多年勘探,查清含煤构造有:下仓向斜和车轴山向斜。发现的煤田有大杨各庄井田、大高庄井田。两个井田均已提交储量报告,储量达3.8亿吨。此外,还有两个勘探区有待进一步工作,即工部勘探区、岳龙庄勘探区,初步调查地质储量7.3亿吨。

深埋区在宝坻断裂以南的平原区。分布在冀中坳陷、沧县隆起和黄骅坳陷等三个二级地质单元内。埋藏深度1000—5000米,煤系地层最厚有500米,含煤最多达25层,煤层厚度在1—40米,据最新调查成果,含煤储量预测1144亿吨。

天津市浅埋区的煤炭资源,可考虑建设矿井开采。而深部的煤炭在

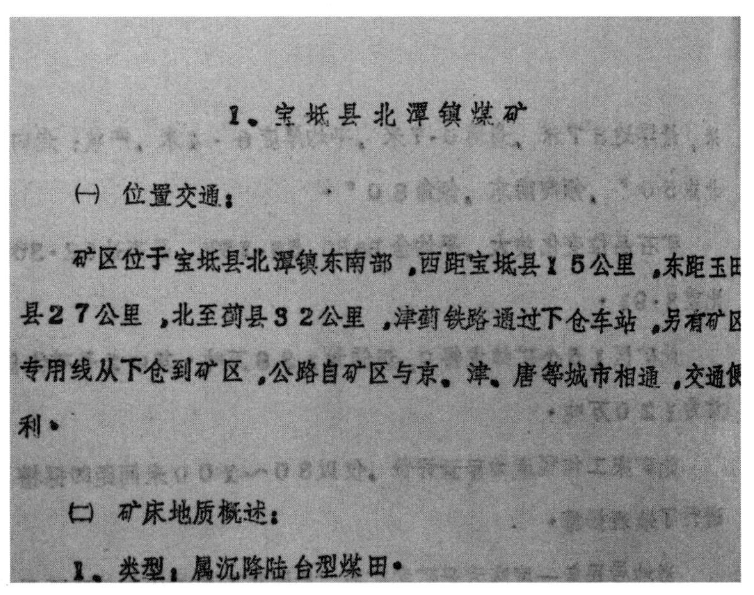

1. 宝坻县北潭镇煤矿

(一) 位置交通:

矿区位于宝坻县北潭镇东南部,西距宝坻县15公里,东距玉田县27公里,北至蓟县32公里,津蓟铁路通过下仓车站,另有矿区专用线从下仓到矿区,公路自矿区与京、津、唐等城市相通,交通便利。

(二) 矿床地质概述:

1. 类型:属沉降陆台型煤田。

图3-17 《天津地质志》有关北潭煤矿史料

目前的技术和经济条件下，可以考虑利用地下煤化技术进行开发。专家指出，天津自身的煤炭资源将成为解决21世纪本市能源问题的重要途径之一。

煤层气就是人们通常所说的瓦斯，它是在成煤过程中生成的，并以吸附状态赋存于煤层及煤系地层中的一种甲烷气。

从组成成分上看，它与天然气并没有太大区别，并与天然气一样，可广泛用于工业和人民生活各个方面。但与天然气相比，它形成的地质条件和赋存状态又是有区别的。普通天然气是由低等生物经过分解、聚合和裂解并经过运移后，在异地砂岩等无机储层中以游离状态存在。而煤层气则是由高等植物经过凝胶化和丝炭化作用，再经过热演化和变质作用，在原地有机储层中以吸附形式存在。

1958年，荷兰首先发现了格罗宁根煤层气田。此后，在美国、澳大利亚、俄国等相继发现了规模巨大的煤层气田。迄今为止，世界上已发现的近30处最大气田中，约三分之二属于煤层气田，其中储量最大的前五位都是煤层气田。全世界煤层气资源量达260万亿立方米，中国埋深在2000米以上的煤层气资源达35亿立方米，占世界第三位。

本市位于华北平原北部，具备形成煤层气的良好地质条件：一是有一定规模构造条件。天津地区跨跃四个次一级的构造单元，即冀中拗陷、沧县隆起、黄骅拗陷和燕山褶皱带，其中黄骅拗陷和冀中拗陷是形成煤层气最有远景的地区。二是具备一定的物质基础，即含煤地层。整个天津地区，在晚古生代，接受了大规模的陆相粹屑沉积，同时又存在大面积的海侵过程，形成海陆交替型的含煤岩系，并成为华北地区拗陷型聚煤盆地最大的沉降中心，碳—二叠系地层厚度达1200米以上，其中煤层厚度累计30米以上。中生代时期，接受了1300米厚的侏罗系、白垩系陆相粹屑沉积。这两套煤系地层分布面积合计6000平方千米，煤炭的地质储量可达1000亿吨以上，若按照6%的聚集系数和20%的解吸系数计算，本市煤层气地质储量可达3000亿立方米。三是具备一定的盖层条件。煤层之上沉积了属于二叠系上石盒子组及石千峰组地层的泥岩地层，厚达400米，具有透气性差、封闭性好的特点，是天然的盖层。四是具备变质、演化成气的条件。地史时期煤层埋深曾达到6000米以上，古地温超过190摄氏度，满足了煤层变质和热演化所要求的条件。

自20世纪70年代以来，石油、地矿等部门曾先后在本市进行石油和地热钻探，有数十口井出现气测异常，证实了专家研究结果的正确性，本市找到煤层气田具有良好的前景。

天津温泉甲天下

“春寒赐浴华清池，温泉水滑洗凝脂。”这是白居易对温泉美容养颜功效的形象化描述。如今，在天津市，温泉已不是个别人的专利，普通百姓同样可以像过去的贵族一样享受温泉带来的方便和快乐。

图 3-18　地热从地下流出情景

从 20 世纪 90 年代开始，随着人民生活水平的提高，特别是随着城市房地产业的发展，天津的温泉应用领域已由 70 年代的工业生产，拓展到居民生活的各个方面,温泉堂而皇之地走进城市居民家庭。“温泉”成为天津各类报纸出现的频度最高的名词。

许多人印象中,天津是一个消费型的工商业大都会,矿产资源相对十分贫乏。殊不知,天津是全国矿产资源丰度最高的城市之一,其石油、天然气、煤及煤层气、地热(温泉)等能源矿产的储量相当丰富,有些矿种在全国还具有重要的地位,温泉便是其中之一。

所谓“温泉”,是指自然涌出或人工揭露的井口,其温度超过当地年平均气温或以20℃—25℃为底限,而又低于45℃(洗浴最佳温度)的地热水。在日常生活中,人们习惯上将25℃以上的地下水均称为温泉。

天津的温泉资源十分丰富。根据现有资料,温泉的井口温度一般在20℃—113℃,属中低温类型。早在20世纪30年代,法国人就在天津的老西开地区开凿了井口温度为34℃的温泉井。70年代开始,在李四光同志的倡导和支持下,经过地质工作者30年的努力,天津的温泉资源已基本查明:在宝坻断裂带以南8800平方公里范围内,共分布着地温梯度大于3.5摄氏度/百米的10个异常区,总控制面积3000平方公里,总资源量达8355亿立方米,相当于189亿吨标准煤。目前已进行勘探工作并提交储量的有王兰庄、山岭子、滨海、扬村等八个大中型矿产地,年可采储量36.6亿立方米。

科学家发现,天津的温泉从成因上看属于传导型,是地下热源沿断层传导到上部,并在相应的构造部位和岩层上以热水形式积累、储存下来。从构造上看,深部各异常区均分布在地下基岩凸起部位和断层裂接触部位,表明温泉的形成、赋存、运移,受构造因素控制。从赋水岩性看,全市的温泉共有两个热储类型,即上部第三系低温孔隙型和下部基岩中低温岩溶裂隙(孔隙)型。第三系低温孔隙温泉,含水介质为松散沙层和半固结砂(砾)岩,埋深500—3000米,井深1500米内的出口温度在30℃—60℃,单井出水量在40—60吨/小时,最大可达140吨/小时,硬度小,水质好。基岩中低温岩溶裂隙或孔隙型温泉,含水介质为白云质灰岩和砂

图 3-19　2012 年 10 月天津文史专家考察东丽湖温泉利用情况

岩，埋深在 900—4000 米，单井出水量（自流）25—120 吨/小时，出口温度 50℃—113℃。氟、铁等离子高，有的还含有硫化氢等腐蚀性气体，一般符合医疗矿泉水标准。

温泉是集矿、热、水为一体的宝贵的自然资源，也是一种清洁能源和矿泉水资源。天津市依托资源优势，逐渐形成了由设计勘探、开发利用、咨询监理、设备生产、科研开发等构成的综合性温泉产业。亚洲最大的温泉工程研究中心设在天津，全国规模最大的勘探设计中心和应用中心在天津。

温泉广泛用于采暖洗浴、医疗保健、温室种植、水产养殖、矿泉生产以及纺织印染、轻工化工等工业领域。据统计，截至 2020 年底，全市共有地热开采井 343 眼，开采量 4372 万立方米，回灌量 3093 万立方米。全市地热供热面积 3422 万平方米，占全市集中供热面积的 6.66%。我市从事温泉旅游单位已达 14 家，温泉旅游设施建筑面积达到 37.4 万平方米，其中最具代表性的有东丽湖温泉度假旅游区、团泊新城、京津新城和龙达生态温泉城。全市温泉旅游接待人数达到 1300 万人次/年，天津已成为全国规模最大的温泉城市之一。2010 年，天津与重庆、福州一起，成为全国首批“中国温泉之都”。2012 年，团泊新城、京津新城被评为“中国温泉之

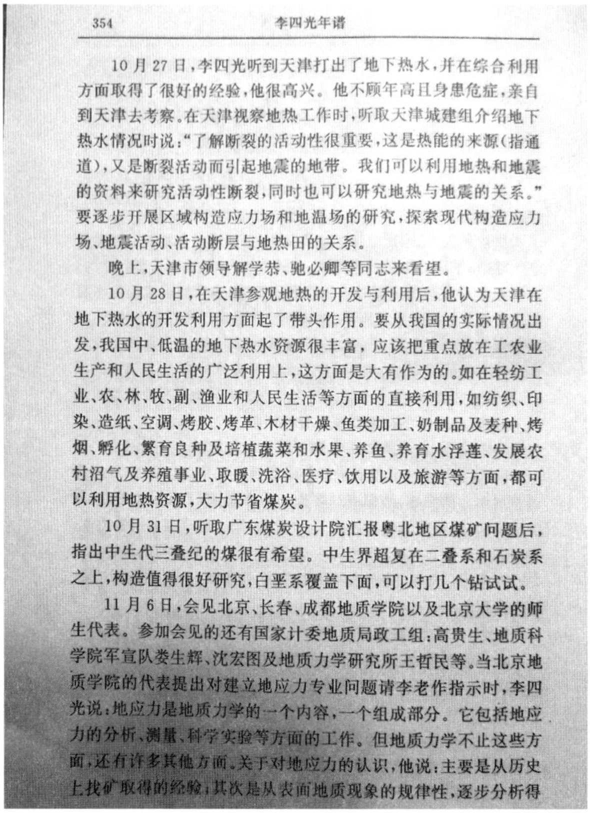

城”。天津已成为全国仅有的集中国温泉之都、中国温泉之城、中国温泉之乡(东丽湖旅游度假区)为一体的省级单位。

温泉一度使商品房价格平均提高30%,并促进了天津康美房地产发展。温泉还为许多景区、景点增色不少,如目前国内最大的人工浴场——天津市滨海浴场,因温泉浴而声名远播。著名的团泊洼风景区、东丽湖风景区也都因温泉而使许多游客慕名而至。

354　　李四光年谱

10 月 27 日,李四光听到天津打出了地下热水,并在综合利用方面取得了很好的经验,他很高兴。他不顾年高且身患危症,亲自到天津去考察。在天津视察地热工作时,听取天津城建组介绍地下热水情况时说:“了解断裂的活动性很重要,这是热能的来源(指通道),又是断裂活动而引起地震的地带。我们可以利用地热和地震的资料来研究活动性断裂,同时也可以研究地热与地震的关系。”要逐步开展区域构造应力场和地温场的研究,探索现代构造应力场、地震活动、活动断层与地热田的关系。

晚上,天津市领导解学恭、驰必卿等同志来看望。

10 月 28 日,在天津参观地热的开发与利用后,他认为天津在地下热水的开发利用方面起了带头作用。要从我国的实际情况出发,我国中、低温的地下热水资源很丰富,应该把重点放在工农业生产和人民生活的广泛利用上,这方面是大有作为的。如在轻纺工业、农、林、牧、副、渔业和人民生活等方面的直接利用,如纺织、印染、造纸、空调、烤胶、烤革、木材干燥、鱼类加工、奶制品及麦种、烤烟、孵化、繁育良种及培植蔬菜和水果、养鱼、养育水浮莲、发展农村沼气及养殖事业、取暖、洗浴、医疗、饮用以及旅游等方面,都可以利用地热资源,大力节省煤炭。

10 月 31 日,听取广东煤炭设计院汇报粤北地区煤矿问题后,指出中生代三叠纪的煤很有希望。中生界超复在二叠系和石炭系之上,构造值得很好研究,白垩系覆盖下面,可以打几个钻试试。

11 月 6 日,会见北京、长春、成都地质学院以及北京大学的师生代表。参加会见的还有国家计委地质局政工组:高贵生、地质科学院军宣队娄生辉、沈宏图及地质力学研究所王哲民等。当北京地质学院的代表提出对建立地应力专业问题请李老作指示时,李四光说:地应力是地质力学的一个内容,一个组成部分。它包括地应力的分析、测量、科学实验等方面的工作。但地质力学不止这些方面,还有许多其他方面。关于对地应力的认识,他说:主要是从历史上找矿取得的经验;其次是从表面地质现象的规律性,逐步分析得

图 3-20　李四光视察天津地热工作

可以这样说,温泉是天津最具特色的矿产资源,温泉的勘探开发为天津市建设环保型城市,促进城市建设和旅游业的发展做出了重要贡献,从而使天津成为名符其实的全国最大的温泉城。温泉的应用前景不可限量。

津门采矿史话

天津是我国矿产资源最丰富的大城市,也是采矿历史较为悠久的城市。据蓟州围坊文化遗址考古资料,早在新时器时代,在蓟州围坊一带,就已经开始利用当地的花岗石、石灰石打制各种生产工具,如石斧、石矢、石磨棒等。春秋时代,蓟州山区老百姓就开始利用砂、石、黏土资源用于生产和生活建设。当地人还利用砖瓦黏土烧制各种陶器,包括罐、盆、壶等。汉代,在渔阳郡(今蓟州及周围地区)设有铁官,这是在天津范围内最早成立的矿业机构。平原区矿产开采历史也很久远,从天津市东丽区、津南区发掘的众多的战国古遗址和古墓中,发现了红陶、灰陶等黏土制品,表明,至少在战国时期,天津平原区已开始利用矿产生产一些生活用品。平原区开采最悠久的另外一种矿产是地下水。据考古资料,在今静海区的东平舒古城遗址(今钓台村)发现有水井,表明天津市开采地下水的历史在战国时期就已开始了。另外,较早开采的矿产还有石灰石。主要用于烧制石灰。据《蓟州志》记载,在辽代,今蓟州境内已有石灰烧制。明代时因修筑县内长城,开始利用当地的石灰石大量烧制石灰。清代,台头村先后建起了三座石灰窑,烧制的石灰专供修建清东陵之用。此外,穿芳峪、卢家峪也建起了多座石灰窑。

近代,李鸿章在天津成立了“开平矿务局”,这是近代在天津设立的最早的矿业开发机构,但其采矿活动的范围则为河北省的开平。据《津门杂记》记载:“开平在津城东北二百余里,其地多山,近滦洲永平,山产煤铁甚富,自光绪初设局,本银一百万两,仿洋法以机器开掘煤矿。”

黄金是天津市的重要矿产,中华人民共和国成立前,日本曾进行掠夺性开采。留下了几个坑洞。日本人还在20世纪30代在蓟州对硼矿、钨矿进行了勘查和开采活动。但开采量都不大。1909年城建部门开始打机井,1923年在天津市区保定道一带打成第一眼机井,井深85.3米,开采深层淡水。城郊多为砖石井,主要开采浅层淡水。至解放初,全市共有机井51眼,砖石井43眼。1936年,法国人在老西开建津洗染厂打成一口地热井,该井深863米,这是天津市首次规模化开采地热资源。

中华人民共和国成立后,蓟州的砂、石、黏土等建筑石料矿产和其他非金属矿产得到大规模的开发。20世纪60年代初,平原地区开始勘探开发石油资源,70年代又开始勘探地热和开发海上石油资源,天津市矿产的开发规模逐年扩大,矿业在全市工业中的比重也逐年上升,为天津市工业和城市的发展奠定了基础。

第四编

地学与掌故

张相文创办中国地学会

张相文，字蔚西，号沌谷，江苏省泗阳县人，生于1867年，卒于1933年，是我国近代地理学、地质学的先驱，著名的教育家、地理学家和辛亥革命先驱者之一。

早在清光绪二十年(1894)中日甲午战争后，张相文因痛惜清政府将宝岛台湾割给日本，开始关心地理。此后，他到苏州、常州地区的家馆任教，买到一些有地理内容的书籍，其中有上海格致书院出版的《格致汇编》和徐家汇天主堂出版的《地理备说》等。从这些书中，他得到不少有关地理的新知识，因而对旧的舆地学感到厌倦。1899年，他到南洋公学任教，讲授中国地理。从此以后，他的主要精力便放在从事地理的教学与研究上。其间的1901年编纂出版了《初等本国地理教科书》《中等本国地理教科书》，这两本书开中国地理教科书之先河。除编写教科书外，张相文翻译出版了法国著名的资产阶级启蒙思想家孟德斯鸠的《万法精理》，为中国人民反对封建主义和向西方寻求

图4-1　张相文

真理提供了理论准备。民主革命先趋邹容在他的《革命军》一书的绪论中,曾提到张相文的这本译著:“吾幸夫吾同胞之得与今世界列强遇也,吾幸夫吾同胞之得闻文明之政体、文明之革命也,吾幸夫吾同胞之得卢梭《民约论》、孟德斯鸠《万法精理》……译而读之也,是非吾同胞之大幸也夫,是非吾同胞之大幸也夫!”另据张海珊《张相文、白雅雨的革命活动》(见中国文史出版社《张相文》),张相文在南洋公学期间,曾与在南洋公学从事革命活动的章太炎、邹容、张继、章士钊等人有密切联系,并且事实上加入了同盟会。1903 年,邹容因“苏报案”入狱后,张相文还曾与蔡元培先生一起设法营救。由此看来,张相文不仅仅是一个地理学家,而且是一位积极投身于民主主义革命的战士。

在张相文看来,传播地理学知识,对于增强人们热爱故土、热爱祖国,进而激发人们的爱国主义思想具有重要作用。他怀着“地学救国”的思想和抱负,于 1907 年秋,应直隶提学使傅增湘之聘,来到了北方的重镇天津。他先是在北洋高等女子学堂(1913 年合并到天津北洋女师学校)任教务长,1909 年初升任校长。张相文来津不久(1918),其同乡陶卓如(懋立)、南通的白雅雨(毓昆)亦先后至津,并执教女校。张相文和白雅雨还先后在北洋师范学堂、北洋女师学堂、北洋法政学堂兼任地理教员。

1909 年 9 月 28 日,时任天津北洋女子高等学堂校长的张相文,约请了包括张伯苓(著名教育家)、白雅雨(同盟会会员)、顾琅(地质学家,曾在天津参与创办直隶工业高等学堂)在内的 28 人,在天津第一蒙养院发起成立了“中国地学会”,并被推举为会长。该学会是我国第一个地理和地质学学术团体,以研究国内外地学为宗旨,“不涉范围外之事”。其后不久,国内许多著名学者,如国学大师章太炎、教育家蔡元培、地理学家白眉初、地质学家邝荣光、章鸿钊和丁文江、水利学家武同举等先后加入该学会。

1910 年,中国地学会创办了《地学杂志》。该杂志是我国最早的地质和地理学刊物。据统计,从 1910 年到 1937 年停刊时止,总共出刊 181

期，发表文章1500篇。其发表的许多文章在我国地学史上具有重要地位。由鲁迅与顾琅于1906年在日本合著的我国第一部矿产志书——《中国矿产志》亦经过《地学杂志》介绍到国内。我国第一幅彩色区域地质图（地质工作的基础图件）——《直隶地质图》亦发表在《地学杂志》创刊号上。该图标有地形、水系、城市、铁路等地理信息，图后另附《直隶矿产图》，标示出金、银、铁、铅、煤等矿产地的分布。作者邝荣光，宣统年间任直隶（天津）矿政调查局总勘矿师，在华北一带长时间从事地质、古生物和矿产调查工作，其成果直接反映在《直隶地质图》上，并因此成为我国著名地质学家。

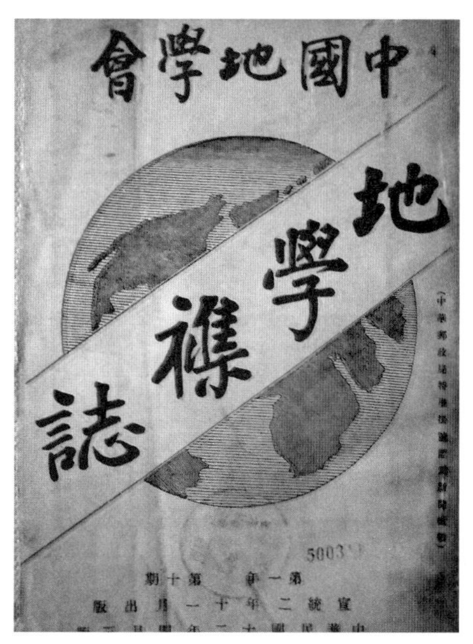

图4-2　《地学杂志》（天津出版）书影

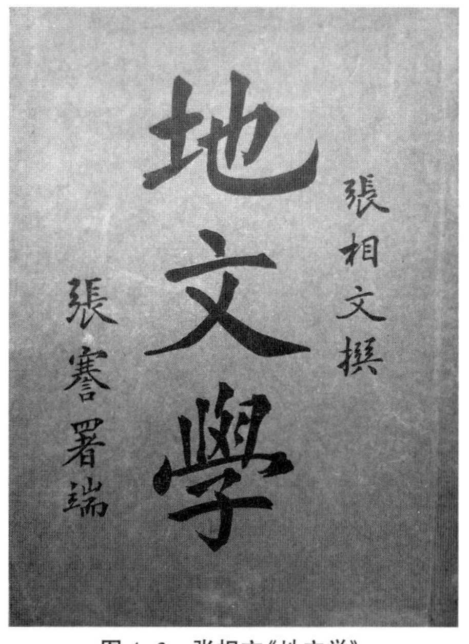

图4-3　张相文《地文学》（1908年版）书影

张相文在天津从事地理教学之际，正是辛亥革命的前夜。此时的天津，“近畿人士慑于积年淫威，跼蹐、寂然潜伏肘腋下”。张相文的到来，不仅给天津带来了先进的地理学知识，也给这个北方都会增添了思想上的活力。他高举爱国主义旗帜，结交社会名流和青年才俊，利用其在多个学校兼课以及地学会会长的特殊身份，积极引导青年学生，为革命做好积极准备。

武昌起义爆发后，全国人心一时振奋。不久，九江、西安、长沙皆响应革命军。此时的滦州军则起而要求清廷宣布立宪。为策应革命形势，张相文与白雅雨共同创办了红十字天津分会，作为革命的外围组织。当时会所设在河北第一蒙养院，与中国地学会一块办公。不久，又在法租界生昌酒楼(今哈尔滨道天增里)成立了共和会。共和会是一个青年革命组织，其成员一般为 20 岁左右的学生，张相文和白雅雨是以老同盟会会员的身份来领导这个组织的。当时，张相文 46 岁，白雅雨 44 岁，白雅雨是会长，负责领导工作。为了安全，他们先后迁往租界，白雅雨还将其家属迁往南方。据《张相文》一书载，张相文曾在 1912 年重回天津，并赋诗三首。其中的《重到天津口占》云："曹社荒寒夜聚谋，北风谡谡鬼啁啁。不堪掩泪重经过，法界生昌旧酒楼。"诗句表达了张相文对在滦州起义中牺牲的白雅雨以及革命战士追怀之情。共和会成立后，张相文不但自己常于夜间到生昌酒楼与诸会友相聚，共商策划滦州起义问题，并且令其女张星华(就读于北洋女子师范学堂，后改名为张月烺)秘密传递情报，散发传单。根据凌钺的《辛亥革命起义记》一文记载，当时参加共和会的还有王法勤、张良坤、于树德、胡宪、李大钊等。

天津共和会的主要活动是策划滦州起义。策动工作分两个阶段，第一创段，是争取陆军二十镇统制张绍曾反正。在这个阶段，张相文与张绍曾取得了联系，但这个计划因 1911 年 11 月 6 日吴禄贞被刺以及张绍曾被免职而流产。上述史实在王葆真的《辛亥革命回忆录》可以得到佐证。该书的第五集中说："(辛亥九月)十七日报载清廷已免张绍曾二十镇统制之职及吴禄贞被刺的消息，我即发一电致张，请勿交卸。这个期间，与法政学堂教授白雅雨、张相文及革命同志孙谏声等时有接洽。"第二个阶段，是由白雅雨带领共和会青年，开赴滦州发动二十镇营长王金铭、施从云、冯玉祥等中下级军官起义。张相文自己则在陶懋立的陪同下，迂回山海关、秦皇岛坐船南下，到南京上书黄兴元帅，请早日"挥师北上"。《辛

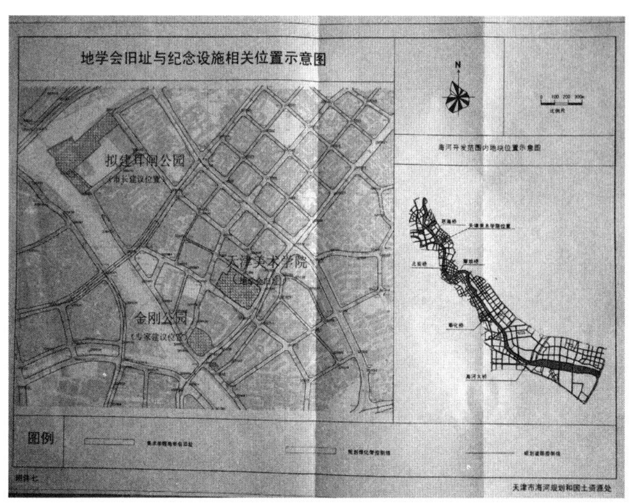

图 4-4　中国地学会纪念设施规划设计图

亥革命上南京政府黄元帅兴论规取河北书》一文（见张相文《南园丛稿》），针对袁世凯“兼拥重兵，私党固结，盘踞于燕蓟齐豫诸省，又乘和议之际，力攻秦晋，以厚为谋至狡，而其锋未易可挡”的严峻形势，提出了利用津浦铁路和海道进行北伐的计划，“宜厚集兵力，先取徐州，以据中原之要害。一军驻临淮，以为之声援。一军由海道北上，袭山海关而守之”。“由是敌之接济穷而兵力分，燕赵鲁之士，必有奋起而为吾内应者。”

就在张相文到达上海并致书黄兴时，白雅雨同时到达滦州实行义举。可惜，因起义军第三营营长张建功出卖，滦州起义以失败告终。王金铭、施从云等起义将领被诱捕谋害。白雅雨亦被王怀庆俘虏后在古冶残害。

白雅雨牺牲后，张相文返回天津料理后事。据记载，张相文、白雅雨在天津分手前，曾买了一段整布，由二人分而包脚（当时袜子尚未流行）。白雅雨正式殡殓时，由于尸体不整，张相文便根据包脚布确认烈士遗体。送别白雅雨灵柩不久，张相文即于 1912 年夏天辞去校长职务，到北京专办中国地学会，一直到 1933 年为止，继续为中国的地学会和革命事业奉献余生。

德日进在天津

德日进(P. Teilhard de Chardin,1881—1955),是法国的一位古生物学家、古人类学家,也是一位基督教神父。从1923至1946年曾先后多次来到中国,他以天津为基地,足迹遍及今北京、河北、山西、内蒙、陕西、宁夏、甘肃、青海、辽宁、吉林、黑龙江、河南、山东等14个省区市,是中国旧石器时代考古学的开拓者和奠基人之一,同时对于中国地层学、古生物学和区域地质学研究做出了重要贡献,在中国科学史上留下了辉煌篇章。

1881年5月,德日进生于奥维涅省萨尔斯纳镇一个信仰天主教的贵族家庭。1892年,就读于耶稣会经营的蒙格雷圣母中学,1896年获业士学位(法国实行的一种独特学位),次年又获哲学业士学位,1898年再获数学业士学位,1899年加入爱克斯-普罗旺斯耶稣会初修院成为修士。1902年开始在英国泽西岛圣路易修习院攻读哲学。1905年被派任到埃及开罗圣家中学担任化学和物理实习教师。1908年又到英国进修四年神学。1911年晋升为神父。1912年,遇到了巴黎博物馆古生物学教授玛瑟兰·蒲勒(法语:Marcellin Boule),受到他的影响,德日进开始对古生物学产生兴趣,在巴黎开始专门研究古生物学。1913年与法国史前学家布日耶一同前往西班牙西北部考察原始洞穴壁画。1915年1月20日,第一次世界大战爆发,德日进被征召入伍,因此被迫停止考古研究。1916年,对宇宙进化和人类命运进行思考和写作。1919年在巴黎大学取得植物学、动物学等学科学士学位，自此开始致力于古生物学的研究。1920 年在巴黎天主教学院讲授古生物学和地质学。1922 年荣获古生物学博士学位。

图 4-5 《天津自然博物馆建馆 90 周年文集》书影

1920 年，法国神父桑志华在甘肃庆阳县城北 35 千米处的赵家岔和 55 千米处的辛家沟的黄土层及其下的砂砾层中发现了一块人工打击的石核和两件石片。石核属于旧石器时代晚期，距今 1.5—1.8 万年；石片属于旧石器中期，距今约 10 万年。这是在中国发现的第一批有正式记录的旧石器，揭开了旧石器时代工具研究的开端。1922 年，桑志华在内蒙石萨拉乌河发现了丰富的化石，有三具十分完整的披毛犀骨架化石，水牛的角，此外还有野猪、野马、野狼等化石。桑志华还意外地发现了河套人的牙齿化石，经加拿大人类解剖学家布达生鉴定确定为旧石器晚期人类，定名为“河套人”，这是史前考古在中国第一个发现的古代人类化石。为了弄清楚这些化石，桑志华一方面将化石寄往法国巴黎自然历史博物馆，另一方面邀请古生物学家德日进来北疆博物院进行研究。

1923 年 5 月，在法国自然历史博物馆、法国科学院及法国教育部资助下，以德日进为首的“法国古代生物考察团”来华，他们先是对桑志华采掘的标本进行整理研究。之后，又与桑志华一起到鄂尔多斯高原一带考察。他们以包头为起点，沿着黄河左岸西行，穿过乌拉山到狼山东麓，然后折向西南，在磴口附近东渡黄河，然后又傍黄河右岸向南到银川市东南的横城，然后到达今宁夏回族自治区灵武县的水洞沟。在被旧河床节切割的黄土剖面中，发现了一处内容丰富的旧石器时代晚期遗址。同年7月，德日进与桑志华在陕西榆林油头房、靖边小桥畔及宁夏三圣宫等地，发现了与水洞沟属同一时期的石器200多件。1924年，德日进与桑志华合写了《关于内蒙和陕北第一次发现旧石器文化初步报告》，对上述考察成果进行了总结。1926年，德日进又在纽约美国自然历史博物馆的《自然历史》杂志上发表文章，介绍了内蒙古萨拉乌苏河和宁夏水洞沟以及陕西油房头的旧石器时代考古发现。这是德日进在中国考察活动所取得的第一项重要成果，开创了中国旧石器时代考古学的序幕。

1924年，德日进先后去河南、热河、察哈尔等地采集化石标本。其中，他在河北阳原带回一只水牛角和一部分颅骨，另外还有一枚猛犸象的牙齿、一块鹿角及犀牛肠骨。桑志华观察了这些标本后，决定与德日进及美国地质学家巴尔博等人一起到阳原县的桑干河畔进行考察。这一年的9月，他们在泥河湾村红色的黏土层内，发现了大量的哺乳动物化石，包括象、犀、马、羊、牛、猪、驼、麂、鹿、狐、貉、犬、熊、鼬、獾、水獭、鼠虎、猞猁、刺猬等。第二年，他们又多次来到了泥河湾，又发现了许多新的物种，采集了大量的动植物标本。巴尔博将盆地内的河湖沉积物命名为泥河湾层，从而拉开了泥河湾盆地科学研究的帷幕。1930年，德日进与皮维窦发表了《泥河湾哺乳动物化石》一文，刊载在法国的《古生物学年鉴. 第19卷》(*Annales de Paléoutogie. Tome XIX*)上，他们把三趾马红土以上、马兰黄土以下这段地层里采集到的哺乳动物化石，定为泥河湾动物群，并认为此动物群可与欧洲维拉方期动物群相对比。德日进对泥河湾哺乳动物化石的研究，是他对我国古生物学研究的第二大贡献，对于我国古生物学的发展起到了重要的推动作用。后来，经过几代科学家的努力，泥河湾已逐步形成了集旧石器时代遗迹、哺乳动物化石群及第四纪地层标准剖面为一体的综合性的第四纪文化遗址。

1925年，由于在巴黎天主教大学传授进化论思想，在罗马教会干预下，德日进被迫离开教职。于是他与桑志华在1926年6月，又结伴重返中国。他们先后到陕西潼关、山西洪洞一带进行考察。9至10月份，又复到泥河湾进行考察。1927年4月，德日进与桑志华一起，赴中国绥远、察哈尔、热河等地考察，之后又到周口店进行考察。这一年，德日进完成《神的境界》一书撰写工作。1928年，德日进前往非洲索马里阿比希尼进行野外考察工作。1929年5月到6月，与桑志华一起去东北进行补充调查。

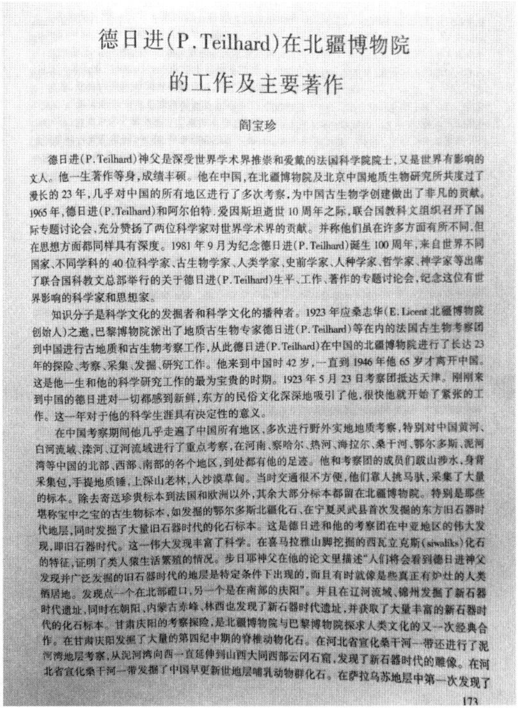

周口店北京人遗址位于北京市西南房山区周口店镇龙骨山北部，是迄今已知的最丰富、最系统、最有价值的旧石器时代早期的人类遗址。1921年至1927年，考古学家先后三次在“北京人”洞穴遗址外发现三枚人类牙齿化石，1929年12月2日下午4时，裴文中先生发现了第一个“北京人”头盖骨，此外还发现了人工制作的工具和用火遗迹，成为震惊世界的重大考古发现。1929年，德日进以中国地质调查所新生代研究室顾问的身份，参与了北京周口店发掘工作。参加此项工作的还有裴文中、步达生、杨钟健、贾兰坡等人。这项工作一直持续到1937年。德日

德日进(P.Teilhard)在北疆博物院的工作及主要著作

阎宝珍

德日进(P.Teilhard)神父是深受世界学术界推崇和爱戴的法国科学院院士，又是世界有影响的文人。他一生著作等身，成绩丰硕。他在中国，在北疆博物院及北京中国地质生物研究所共度过了漫长的23年，几乎对中国的所有地区进行了多次考察，为中国古生物学创建做出了非凡的贡献。1965年，德日进(P.Teilhard)和阿尔伯特.爱因斯坦逝世10周年之际，联合国教科文组织召开了国际专题讨论会，充分赞扬了两位科学家对世界学术界的贡献。并称他们虽在许多方面有所不同，但在思想方面都同样具有深度。1981年9月为纪念德日进(P.Teilhard)诞生100周年，来自世界不同国家、不同学科的40位科学家、古生物学家、人类学家、史前学家、人种学家、哲学家、神学家等出席了联合国科教文总部举行的关于德日进(P.Teilhard)生平、工作、著作的专题讨论会，纪念这位有世界影响的科学家和思想家。

知识分子是科学文化的发掘者和科学文化的播种者。1923年应桑志华(E.Licent北疆博物院创始人)之邀，巴黎博物院派出了地质古生物专家德日进(P.Teilhard)等在内的法国古生物考察团到中国进行古地质和古生物考察工作，从此德日进(P.Teilhard)在中国的北疆博物院进行了长达23年的探险、考察、采集、发掘、研究工作。他来到中国时42岁，一直到1946年他65岁才离开中国。这是他一生和他的科学研究工作的最为宝贵的时期。1923年5月23日考察团抵达天津。刚刚来到中国的德日进对一切都感到新鲜，东方的民俗文化深深地吸引了他，很快他就开始了紧张的工作。这一年对于他的科学生涯具有决定性的意义。

在中国考察期间他几乎走遍了中国所有地区，多次进行野外实地地质考察，特别对中国黄河、白河流域、滦河、辽河流域进行了重点考察，在河南、察哈尔、热河、海拉尔、桑干河、鄂尔多斯、泥河湾等中国的北部、西部、南部的各个地区，到处都有他的足迹。他和考察团的成员们跋山涉水，身背采集包，手提地质锤，上深山老林，入沙漠草甸。当时交通很不方便，他们靠人挑马驮，采集了大量的标本。除去寄送珍贵标本到法国和欧洲以外，其余大部分标本都留在北疆博物院。特别是那些堪称宝中之宝的古生物标本，如发掘的鄂尔多斯北疆化石、在宁夏灵武县首次发掘的东方旧石器时代地层，同时发掘了大量旧石器时代的化石标本。这是德日进和他的考察团在中亚地区的伟大发现，即旧石器时代。这一伟大发现丰富了科学。在喜马拉雅山脚挖掘的西瓦立克斯(siwaliks)化石的特征，证明了类人猿生活繁殖的情况。步日耶神父在他的论文里描述“人们将会看到德日进神父发现并广泛发掘的旧石器时代的地层是特定条件下出现的，而且有时就像是些真正有炉灶的人类栖居地。发现点一个在北部磴口，另一个是在南部的庆阳”。并且在辽河流域、锦州发掘了新石器时代遗址，同时在朝阳、内蒙古赤峰、林西也发现了新石器时代遗址，并获取了大量丰富的新石器时代的化石标本。甘肃庆阳的考察探险，是北疆博物院与巴黎博物院探求人类文化的又一次经典合作。在甘肃庆阳发掘了大量的第四纪中期的脊椎动物化石。在河北省宣化桑干河一带还进行了泥河湾地层考察，从泥河湾向西一直延伸到山西大同西部云冈石窟，发现了新石器时代的雕像。在河北省宣化桑干河一带发掘了中国早更新世地层哺乳动物群化石。在萨拉乌苏地层中第一次发现了

173

图4-6　《天津自然博物馆建馆90周年文集》有关德日进在天津考察的情况

进指导对周口店遗址挖掘及研究工作，是他对中国古生物及古人类研究所作出的第三个方面的贡献。

1930 年，德日进前往山西及中国西北地区进行野外考察，并与杨钟健一起撰写了《山西西部陕西北部蓬蒂纪后黄土期前之地层观察》论文，刊发在由农矿部直辖地质调查所主办的《地质专报》（甲种第 8 号）上。1931 年，德日进以地质顾问身份参加了法国雪铁龙公司组织的横跨欧亚大陆的“黄色远征”系列活动。1932 年，德日进去山西考察，之后返回了法国。1933 年 6 月，德日进与我国著名学者丁文江及美国地质学家葛利普同赴华盛顿出席第十六届国际地质大会。1934 年，又到南京、重庆、成都、河南等地考察。1935 年，又去广东、广西考察，继而赴印尼、爪哇等地考察。1936 年 6 月，由德日进撰写的《周口店第九地点之哺乳化石》刊载在由实业部地质调查所、国立北平研究院地质研究所主办的《中国古生物志》丙种第 7 号第四册上。德日进、杨钟健合撰的《安阳殷墟之哺乳动物群》刊发在由实业部地质调查所、国立北平研究院地质研究所主办的《中国古生物志》丙种第 12 号第一册上。1935 年 8 月至 1936 年 5 月，德日进与黎桑一起，负责天津法租界深水井开凿的地质指导工作。这口井就是著名的老西开地热井，也是中国当时最深的人井开凿地热井。

1937 年 7 月，由于日本的侵略，德日进离开中国去缅甸考察。同年，由德日进、汤道平撰写的《山西东南部上新统之骆驼麒麟鹿及鹿化石》，刊载于由实业部地质调查所、国立北平研究院地质研究所主办的《中国古生物志》（新丙种第一号）上。1938 年，由于日本军队封锁了天津的英、法租界，桑志华的考察活动被迫终止，他任命法国人罗学宾为副院长后，便只身一人回到法国，从此再没有回到中国，这使得德日进在中国的考察活动也受到影响。这一年，德日进再次赴印尼爪哇岛一带进行考察。1939 年，因第二次世界大战爆发，德日进受困于北京。1940 年，罗学宾在北京建立“北京地质生物研究所”，德日进任名誉所长。太平洋战争爆发后，罗学宾与德日进在中国的考察活动被迫终止，一直到 1946 年 6 月，德日进与罗学宾才得以返回法国。

德日进不仅对古生物学、古人类学及考古学做出了重要贡献，而且为中国培养了一批科学人才。这其中最重要的一位就是著名的古人类学家贾兰坡。据贾兰坡回忆，日本发动侵华战争后，周口店的发掘工作也停止了，但在北京的研究工作仍然勉强维持。德日进和杨钟健商量之后，把中央研究院交来的河南省浚县殷代遗址出土的马骨交给贾兰坡来研究。嘱咐贾兰坡辨认出匹数、年岁、性别以及是否有驴或骡等等。报告写完之后，贾兰坡交给了德日进，“他用他那文雅而秀丽的字体，把大约二十页上下的英文稿逐字逐句修改得密密麻麻的”。德日进严肃认真的工作态度，给贾兰坡留下了很深印象。1935 年，裴文中先生到法国留学，周口店的发掘主持工作交给了贾兰坡，当时贾兰坡之所以成长得这样快，是与德日进的言传身教分不开的。

回到法国后的德日进先后到过美国、南非等地进行研究、考察。1950 年，德日进当选为法国科学院院士。由于长期持进化论的思想，不容于教会，郁郁不得志，于是在 1951 年被迫移居美国(在格林基金会从事研究工作)。1955 年 4 月 10 日德日进病逝于纽约，葬于纽约的赫德逊河畔耶稣会士墓地。在逝世前几天，德日进曾对人说：“如果我的一生中不曾犯错，那祈求上帝让我在复活节那天离开人世。”而 1955 年 4 月 10 日那天正是复活节。同年，《人的现象》一书在巴黎出版。其他著作收入其十三卷本《德日进文集》并陆续出版。

施勃理与《采冶年刊》

施勃理(Edwin Sperry),1857 年生于美国芝加哥,肄业于西北大学,曾任圣路易煤矿总工程师、《采矿科学》主笔,并在勾尔登采矿学校任教。1911 年担任北洋大学冶金学教授,其间发明了"施勃理选矿机",是北洋大学著名的矿冶学家。

图 4-7　施勃理教授

1932 年 8 月 20 日由北洋大学采冶学会编辑的《采冶年刊》创刊号(由著名地质学家翁文灏题写刊名),因"创刊之始,适值施勃理教授七秩晋五之年",所以"群议以此届年刊,为施教授纪念之册"。按照《发刊词》的说法,"我国之漠视矿冶事业者久矣!挽近矿冶机关之勃然有生气者,实为罕见。矿冶刊物,尤属寥寥,以致社会人众,对关系国计民生之采矿冶金的事业,默默无闻,莫明真相"。《采冶年刊》就是为了改变这种状况所作的尝试,它是"北洋大学采冶学会之会志也。集名人之著述、及各会员平日之心得,纂而成刊”。其宗旨是“启发知识,商量学术”。

《采冶年刊》刊载多篇文章介绍施勃理的事迹。根据《施勃理教授传》一文载,代理校长王季绪在序文中,高度评价了施勃理人品和学问,认为施勃理“恬淡冲和,不慕荣利”,“在斗室之中,尽心研习。除书籍笔墨仪器,及所积稿件之外,别无伴侣。二十余年如一日,虽迭逢困厄,未尝稍辍。”采冶系主任何杰也肯定了施勃理的治学精神,认为他“研究学问,若躅生命,日与图书机械为伴侣,虽当危难之时,不改其操。孔子所谓学不厌诲不倦者,先生有焉,诚一近代之模范师表也”。土木工程系主任张润田同样也很推崇:“其治学也,斗室之中,兀兀穷年,心不外驰,足不出户,图书仪器外,无相伴者,二十余年,未之或辍。设帐北洋工学院,授采矿冶金学,华人受教于先生,卒业任事,卓卓能自立者,遍于大江南北。每闻先生之起居言论,莫不奋发鼓舞,若有遵循而不迷惘。先生功在学术,亦足豪矣。”

采冶系前身为“采矿学门”,光绪三十一年(1905)改为“采矿冶金

图 4-8 《采冶年刊》书影

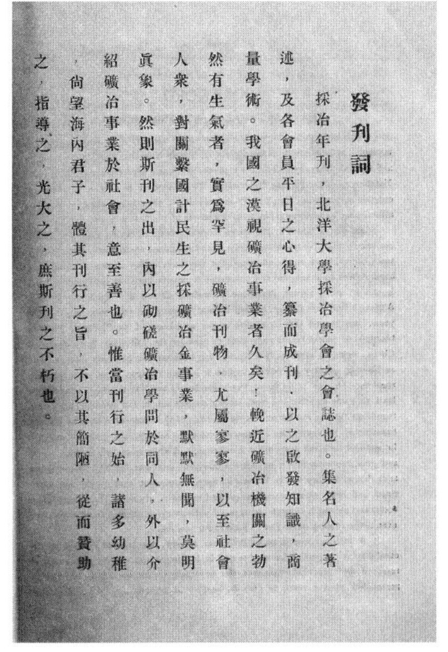

發刊詞

採冶年刊,北洋大學採冶學會之會誌也。集名人之著述,及各會員平日之心得,纂而成刊,以之啟發知識,商量學術。我國之漠視礦冶事業者久矣!晚近礦冶機關之勃然有生氣者,實爲罕見,礦冶刊物,尤屬寥寥,以至社會人衆,對關繫國計民生之採礦冶金事業,默默無聞,莫明眞象。然則斯刊之出,內以砌磋礦冶學問於同人,外以介紹礦冶事業於社會,意至善也。惟當刊行之始,諸多幼稚,尚望海內君子,體其刊行之旨,不以其簡陋,從而贊助之,指導之,光大之,庶斯刊之不朽也。

图 4-9 《采冶年刊》发刊词

门”。民国八年(1919),采矿、冶金学门分设。1925 年复合并为采冶系。采冶系为中国首创,自 1910 年至 1932 年累计培养毕业生 285 人,成为全国采矿业的业务骨干,其中,包括实业部矿业司长、中国矿业先驱王正黼,著名冶金学家、冶金教育家、中国冶金学科的带头人之一、中国科学院学部委员(院士)周志宏,中科院院士魏寿昆(1929 年毕业)等著名科学家,真可谓桃李满天下。

为了更好地进行采冶学术研究,促进中国采冶事业发展,1926 年依托采冶系,北洋大学在全国率先成立了第一家采冶学会。

李四光指导地热会战

李四光,字仲拱,原名李仲揆,生于 1889 年 10 月 26 日,卒于 1971 年 4 月 29 日,享年 82 岁。湖北黄冈人,蒙古族,他是中国现代史第一代地质学家。中华人民共和国成立以来著名的教育家、音乐家和社会活动家,是中国地质力学的创立者,中国现代地球科学和地质工作的主要领导人和奠基人之一。

光绪三十年(1904)五月,李四光官费赴日本留学,读大阪高工船用机关科,宣统二年(1910)毕业。因其在日本接受了带有汉民族主义的反清革命思想的影响,成为孙中山领导的同盟会中年龄最小的会员,以“驱逐鞑虏、恢复中华”为己任,并获孙中山赞誉。孙中山曾送其八个字:“努力向学,蔚为国用。”武昌起义爆发后,其被委任为湖北军政府理财部参议,后又当选为实业部部长。袁世凯上台后,革命党人受到排挤,李四光再次离开祖国,到英国伯明翰大学学习。1918 年,获得硕士学位的李四光决意回国效力。1917 年,李四光从英国伯

图 4-10　《李四光的故事》书影

明翰大学毕业，获得硕士学位。1918 年，他回国任北京大学地质系教授。1920 年李四光担任北京大学地质系系主任，1928 年又到南京担任中央研究院地质研究所所长，后当选为中国地质学会会长。1928 年 7 月国民政府决定组建国立武汉大学，国民政府大学院（教育部）院长蔡元培任命李四光为武汉大学建设筹备委员会委员长，并选定了武汉大学的新校址。1932 年任中央大学（现南京大学）代理校长，1937 年任中央大学理学院地质系名誉教授。1944—1946 年，任重庆大学教授，并在重庆大学开设全国第一个石油专业。1949 年秋中华人民共和国成立在即，正在国外的李四光被邀请担任全国政协委员。然而做好回国准备时却被伦敦的一位朋友（凌叔华、陈源夫妇）告知，国民党政府驻英大使已接到密令，要其公开发表声明拒绝接受政协委员职务，否则将被扣留。李四光当机立断，只身离开伦敦来到法国。两星期之后，夫妇二人在巴塞尔买了从意大利开往香港的船票，于 1949 年 12 月启程秘密回国。中华人民共和国成立后。李四光先后担任了地质部部长、中国科学院副院长、全国科联主席、全国政协副主席等职。他虽然年事已高，仍奋战在科学研究和国家建设的第一线，为中国的地质、石油勘探开发事业作出了巨大贡献。

在天津，提起李四光的名字，地质工作者总会津津乐道。这是因为，李四光作为中国地质事业的领导者，对天津地热事业作出了巨大贡献。20 世纪 50 年代，天津在进行地震监测和水文地质调查时，发现陈塘庄一带的深水井，其水温比同深度的井温高出 3℃—5℃。60 年代中期，地质部河北省水文队进行城市供水调查，进一步发现了水温异常，并依据老西开地热井、陈塘庄地热井资料，提出在天津市区及郊区存在两个地热带的认识。60 年代末，天津市建设局地质工程师张清芝等人对天津市区及部分郊区的水井资料进行调查研究和收集，并分析了当时已有的物探资料，于 1969 年国庆节前夕提交《天津市地热资源分布规律及使用价值》的报告，引起了天津市政府和国家计委地质局的高度重视。同时，天津地热已开始在部分单位进行应用试验研究。如以天津市大任庄红旗养鸭场地热

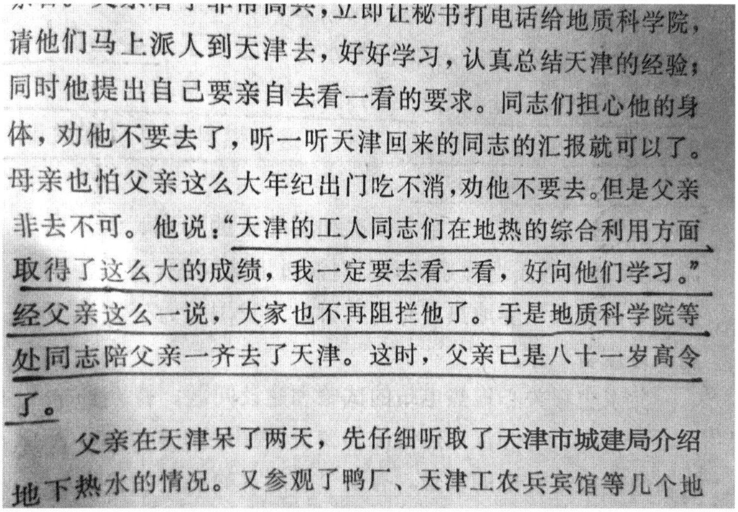

……非常高兴，立即让秘书打电话给地质科学院，请他们马上派人到天津去，好好学习，认真总结天津的经验；同时他提出自己要亲自去看一看的要求。同志们担心他的身体，劝他不要去了，听一听天津回来的同志的汇报就可以了。母亲也怕父亲这么大年纪出门吃不消，劝他不要去。但是父亲非去不可。他说："天津的工人同志们在地热的综合利用方面取得了这么大的成绩，我一定要去看一看，好向他们学习。"经父亲这么一说，大家也不再阻拦他了。于是地质科学院等处同志陪父亲一齐去了天津。这时，父亲已是八十一岁高令了。

父亲在天津呆了两天，先仔细听取了天津市城建局介绍地下热水的情况。又参观了鸭厂、天津工农兵宾馆等几个地

图 4-11 《石迹耿千秋》一书中有关天津地热的记载

水综合利用为例,场内热水井温度达 49.5℃：

1. 热水用于采暖,19 间砖木结构平房,采暖试验成功;

2. 热水用于蒸发量 155 千克的小型锅炉,年节煤 216 吨;

3. 热水用于摘毛车间后,车间职工烂手腕的职业病痊愈,认识到地热水中含有医疗价值的化学组分;

4. 用于热水孵化、节煤、节电;

5. 采暖后的尾水引入暖窖、补充冬季蔬菜淡季,提前育秧,探索双季稻的可能性。

另外,在天津市染化五厂、棉纺四厂、毛织厂、天津宾馆、水产所养殖场、农科院等单位,进行了工艺洗涤、生活清洗、温室采暖及热水锅炉应用以及节煤、节电、节盐的综合利用试验,取得很好的效益。总结上述经验成果,张清芝于 1970 年 6 月 15 日又撰写《我市开发利用地热资源大有可为》的简报,天津的试验情况和张清芝同志的简报上报后引起了李四光同志极大兴趣。

1970 年 10 月,时任全国政协副主席、中科院副院长,82 岁的李四光同志来到天津,他参观了红旗鸭厂和河北宾馆,听取了有关地热调查和应

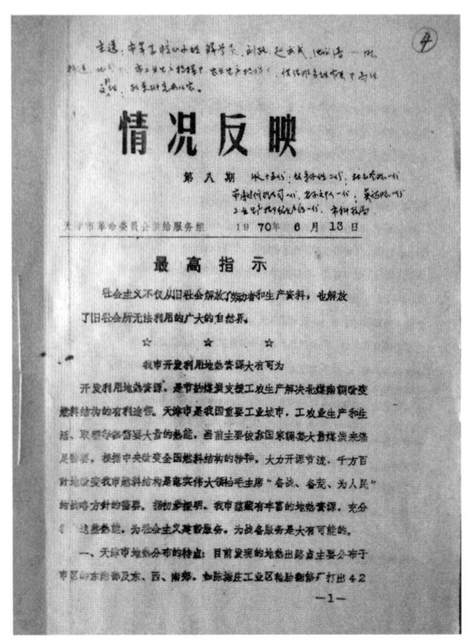

情况反映

第八期

天津市革命委员会供给服务组　1970年6月13日

最高指示

社会主义不仅从旧社会解放了劳动者和生产资料，也解放了旧社会所无法利用的广大的自然界。

☆　☆　☆

我市开发利用地热资源大有可为

开发利用地热资源，是节约煤炭支援工农生产解决北煤南调改变燃料结构的有利途径。天津市是我国重要工业城市，工农业生产和生活、取暖等都需要大量的热能，目前主要依靠国家调拨大量煤炭来满足需要，根据中央改变全国燃料结构的精神，大力开源节流，千方百计地改变我市燃料结构是落实伟大领袖毛主席“备战、备荒、为人民”的战略方针的需要。据初步探明，我市蕴藏有丰富的地热资源，充分[illegible]这些热能，为社会主义建设服务，为战备服务是大有可能的。

一、天津市地热分布的特点：目前发现的地热出露点主要分布于市区的东南部及东、西、南郊。如陈塘庄工业区轮胎翻修厂打出42

—1—

图4-12　天津地热简报

用的工作汇报。李四光一边听、一边看，还一边思索着。他结合自己的研究，就天津的地热工作发表了重要的意见。回京后，他依然关注着天津地热工作，多次在北京听取天津地热会战指挥部的工作汇报。1971年4月，李四光不幸逝世，其亲人在整理遗物时，在他的衣服里发现了许多小纸条，上面记录着一些待办的事情，其中的一件就是天津地热工作的设想。李四光对天津地热工作的建议和指导意见主要有三个方面。一是利用他本人创立的地质力学观点，对地热勘查工作给予理论指导。他指出，地球本身是一个庞大的热库，有源源不绝的热流。新华夏构造不仅有石油，而且存在着地热。地质工作者的任务就是要弄清地质构造的性质、查明热异常的变化与断裂的关系。在勘查方法上，他主张充分利用物探方法，适当打些浅钻，还可以利用地震资料研究断裂活动。二是对地热利用方向给予充分重视和肯定。他在参观了红旗鸭厂的养鸭车间和温室大棚后指出，国外利用地热通常是在火山旁搞电站，好像地热只能用于发电似的。可是达到那么高温度的地方一般是不太多的。从我们实际情况出发，中低温地热则是大量的，具有普遍性，在工农业方面广泛利用就更有意义了。他认为，天津利用中低温地热，从事温室种植、家禽养殖、居民洗浴和冬季供暖，是一件前无古人的事业，具有开辟道路的意义。三是对天津的地热勘查给予组织上和技术上的支持。李四光当时兼任国务院科教组组长一职，他要求把天津地热利用作为一个试点和样板，并责成当时的国家计委地质局研究一下方案。为落实李四光的建议，当时的天津市革命委员会，提出了要把开采地热与采煤、采油放在同等地位的工作思路，并于 1970 年 12 月，召开了上千人参加的全市地热会战誓师动员大会，不久又成立了由 13 个区、局和高等院校、厂矿（如六四一厂、红旗鸭厂、棉纺四厂、染化五厂）等单位组成的“地热会战指挥部”，统筹地热勘查、开发和利用工作，日常工作由“地热办公室”负责。1971 年 1 月在市建设局组建了地质勘探队，并立即投入紧张的地质调查和勘探施工。国家计委地质局对会战给予了强有力的支持，责成中国地质科学院的地热组、水文组、物探所、华北地矿所等科研单位协助天津开展工作。北京大学、北京地质学院、长春地质学院等单位的专家学者也前来支援会战。于是，全国瞩目的地热会战在海河两岸打响。

地热会战的主内容是：在市区、西郊、南郊、东郊等 1000 多平方千米的范围内，开展地热地质调查和地热利用情况调查；部署 1/50000 比例尺的重力勘测和地温测量；收集整理市区及周围地区石油物探资料和测井资料，并进行了重新解译。此次会战的主要工作历时一年多，取得了丰硕成果。一是查明了地热形成的构造背景。认为各构造单元之间为一系列

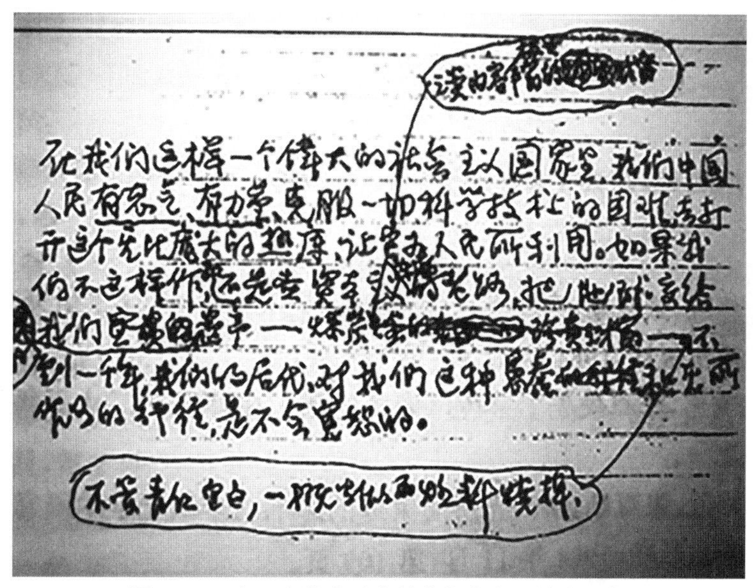

在我们这样一个伟大的社会主义国家里，我们中国人民有志气、有力量，克服一切科学技术上的困难去打开这个无比庞大的热库，让它为人民所利用。如果我们不这样作，[illegible]我们的后代对我们这种[illegible]所作所为的行径，是不会宽恕的。

不要[illegible]，一[illegible]

图 4-13　李四光逝世后在其衣物中发现的小纸条

北东向的断裂带所分割，并构成了导水通道，使深部热能以热水形式富集在构造隆起部位。二是发现两个地热异常区。其一是陈塘庄—王兰庄—青泊洼异常区，面积 225 平方千米；其二是军粮城—小营盘—万家码头异常区，面积 375 平方千米。三是查明了含热层位和水文地质条件。共发现了第四系、上第三系和奥陶系三个地层单位的八个含水层组。四是开展了中低温地热发电试验研究。先后在第二热电厂、天津大学建立了两个地热发电实验研究站，取得了丰富的实验数据，对于全国地热发电事业，起到了良好的示范作用。“地热会战”之后，在四十多年的时间里，遵循李四光同志的嘱托，天津地质工作者经过辛勤工作，圈定了十个地热异常区，总面积近 3000 平方千米。在此基础上，勘探评价了八个大型地热田，探明可采量 7606.6 万立方米/年。打出了 402 眼 40℃ 以上的地热井，2015 年开采量达 3900 万立方米。地热应用已从单纯的工业、农业领域延伸到人民生活的各个方面，天津已形成了依托资源优势形成的地热产业，仅地热采暖面积就达 2500 万平方米，占全国地热采暖面积的 40% 以上，使天津成为全国当之无愧的最大的地热城。

图 4-14　天津大学《地下热水发电》书影

高振西发现“蓟县剖面”

高振西，字化白，生于1907年7月7日，卒于1991年12月9日。河南省荥阳县（原汜水县）南屯村人。他是我国著名的地质学家。1917年就读于汜水县立高等小学。1920年入开封河南省立第二中学，1925年考入北京大学理学院，先读预科，两年后转入地质学系。

1931—1937年任北京大学地质系助教。他在北京大学学习和工作的12年中，先后受到师从地质学家翁文灏、丁文江、李四光、孙云铸以及美籍教授葛利普（A. W. Grabau），从而打下了良好的地质学理论基础。1937年4月，他被调至南京国民政府实业部（后为经济部）中央地质调查所工作，历任调查员、技士和技正等职，对广西、湖北、南京、北京等地区的地质矿产进行了大面积调查研究。1937年抗日战争全面爆发，他率领员工将中央地质调查所长期积累的图书、标本和仪器等共213箱辗转经长沙等地并运至重庆，为中国地质事业保存

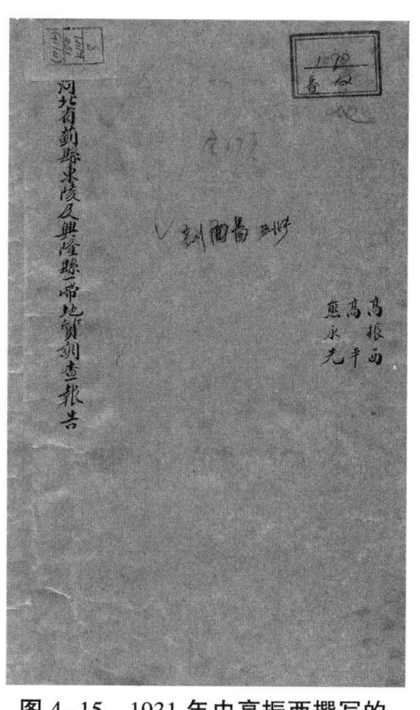

图4-15　1931年由高振西撰写的地质报告

了宝贵资料。1940—1944 年他被借调到福建省建设厅地质土壤调查所担任技正兼地质课课长,筹备并主持福建省的地质普查工作,同时创建了该所的地质陈列室。1943—1949 年,受李四光教授之聘,兼任中央研究院地质研究所研究员。1950 年,高振西在南京地质探矿专科学校兼任地质学导师,讲授普通地质学。同年调任中国地质工作计划指导委员会(今地质矿产部前身)地质陈列馆馆长。1956 年开始主持筹建地质部北京地质博物馆,1959 年正式开馆。该馆现改称中国地质博物馆,高振西先后担任馆长、总工程师、名誉馆长。高振西 1956 年加入九三学社。1982 年加入中国共产党,是中国人民政治协商会议第五、第六届全国委员会委员。1980 年当选为中国科学院地学部委员。曾任中国地质学会常务理事、科学普及委员会主任,北京地质学会副理事长,中国博物馆学会常务理事,中国自然博物馆协会副理事长,《地球》杂志主编等。

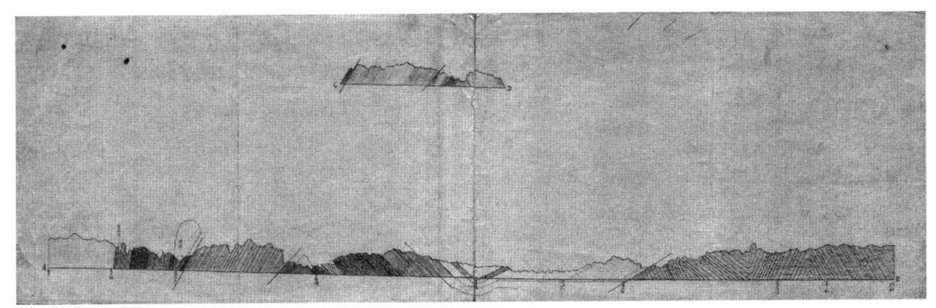

图 4-16 蓟县(州)地质剖面图

值得注意的,高振西是“蓟县剖面”的发现者,为指导燕山一带地质找矿乃至于地热找矿提供了理论依据。

20 世纪 30 年代初,北平大学、燕京大学三四年级的部分学生,以毛驴为代步工具,使用罗盘、锤子和放大镜等简单工具,对蓟州北部山区进行过有史以来的第一次地质调查活动,因之使天津成为我国地学工作者最早涉足的地区之一。

1931 年 6 月,中国地质调查所为“推广北平(即北京)附近调查工作起见”,同时亦为“培养人才、教导后学”,决定在暑假期间,组织并资助地质专业的学生进行野外考察。当时在北京大学地质系就读的高振西、潘钟祥、赵金科、高平、熊永先、陈恺等以及在燕京大学念书的李连捷七名同学参加了这一活动。中国地质调查所的谢家荣、曾世英、王竹泉三位专家,受所长翁文灏的委托先后对此次活动进行了技术指导。

这一活动分两个阶段进行;第一阶段,7 月 6 日至 7 月 20 日共 14 天,对盘山一带进行地质测量,绘制了地形图。第二阶段,7 月 21 日至 9 月 3 日,分成三组进行地质调查。潘钟祥、陈恺二人为一组,工作区域为盘山一带;高振西、高平、熊永先三人为一组,工作区域为蓟州及东陵一带;赵金科、李连捷二人为一组,工作区域为玉田县一带。

图 4-17　蓟州中上元界地层剖面起点处

高振西、高平、熊永先三人,从 7 月 26 日开始利用近 40 天的时间,对以蓟州为中心,包括蓟州、兴隆、遵化三县数百平方千米范围内的地层、构造和火成岩进行了详细的记录和测量,并形成了最终成果—《河北省蓟州东陵及兴隆县一带地质调查报告》,这份报告既是一份实习报告,亦是一份真正意义的地质报告。该报告文字为手写,约 8000 多字,对蓟州山区的太古界、震旦系、寒武系等沉积地层,以及火成岩侵入体、断层构造进行了描述，特别是对其首先发现的震旦系地层进行了初步划分，建立了“三群十组”的地层层序，为使“蓟县剖面”最终成为我国的标准剖面，指导冀东地区的找矿工作，提供了第一手资料。此外，报告对蓟州及周围地区的古地理、古环境进行了分析，发现了沉积式铁矿等矿产。文字之外，另附一张 1/5000 比例尺的蓟州地层剖面图，这是天津地区第一张地质剖面图，这一技术成果，至今还为地学工作所引用，并成为不可多得的范本。1934 年，高振西、高平、熊永先把他们的研究成果整理成文，取名《中国北部震旦纪地层的初步研究》，发表在《中国地质学会志》第十三卷上。正如著名地质学家黄汲清教授在《高振西地质文选》所作的序言评价的那样，“这一研究成果，经过长时间的考验，被证明是一个划时代的、有国际影响的基础性研究性质的重大贡献”。

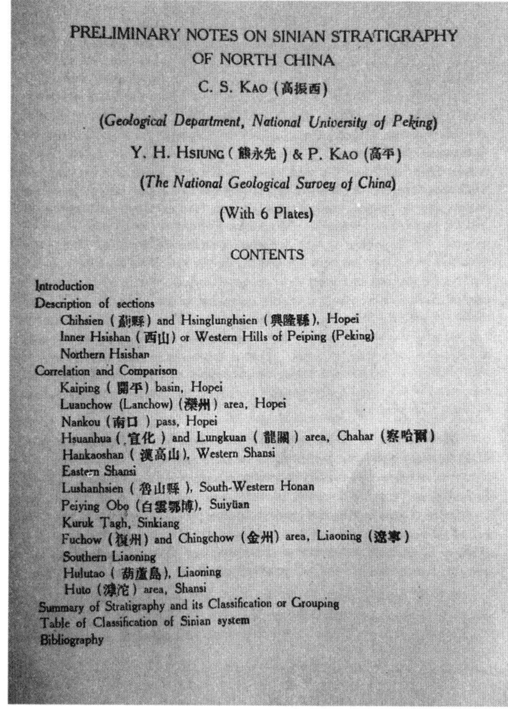

PRELIMINARY NOTES ON SINIAN STRATIGRAPHY OF NORTH CHINA

C. S. KAO (高振西)

(Geological Department, National University of Peking)

Y. H. HSIUNG (熊永先) & P. KAO (高平)

(The National Geological Survey of China)

(With 6 Plates)

CONTENTS

Introduction
Description of sections
  Chihsien (薊縣) and Hsinglunghsien (興隆縣), Hopei
  Inner Hsishan (西山) or Western Hills of Peiping (Peking)
  Northern Hsishan
Correlation and Comparison
  Kaiping (開平) basin, Hopei
  Luanchow (Lanchow) (灤州) area, Hopei
  Nankou (南口) pass, Hopei
  Hsuanhua (宣化) and Lungkuan (龍關) area, Chahar (察哈爾)
  Hankaoshan (漢高山), Western Shansi
  Eastern Shansi
  Lushanhsien (魯山縣), South-Western Honan
  Peiying Obo (白雲鄂博), Suiyüan
  Kuruk Tagh, Sinkiang
  Fuchow (復州) and Chingchow (金州) area, Liaoning (遼寧)
  Southern Liaoning
  Hulutao (葫蘆島), Liaoning
  Huto (滹沱) area, Shansi
Summary of Stratigraphy and its Classification or Grouping
Table of Classification of Sinian system
Bibliography

图 4-18 《中国地质学会志》第十三卷《中国北部震旦纪地层的初步研究》一文

20 世纪 30 年代初的这次地质调查活动，虽然仅仅是一次实习活动，但却取得了意想不到的重要收获。1985 年 10 月 2 日，“天津市蓟县中上元古界国家级自然保护区”立碑揭幕仪式在蓟州北部常州沟村举行，作为“蓟县剖面”主要发现者的高振西教授在阔别五十余年后，重又踏上这块既熟悉又陌生的土地，并在起点处向与会领导和专家学者介绍了“蓟县剖面”的发现过程，这一精彩瞬间被真实地记录下来，成为中国地学界的一段佳话。2002 年 11 月,国土资源部批准设立了以中上元古界地层剖面和盘山花岗岩地貌为中心的“蓟县国家地质公园”。2003 年 10 月,作为改善天津城乡居民生活二十件实事之一的面积达 350 平方千米的蓟县国家地质公园一期工程结束,并举行了隆重的揭牌开园仪式。当在场的人们欢呼自己拥有一座国家级的地质公园的时候,谢家荣、王竹泉、赵金科、高振西、潘钟祥等一大批地质学家的名字,已深深地印在人们的心里,并将与他们的成果一起,永远载入天津的文化史册。

潘钟祥测量盘山

潘钟祥(1906—1983),字瑞生,1906 年 8 月 12 日生于河南汲县(今卫辉市),著名的石油地质学家,中国石油地质学会创始人。

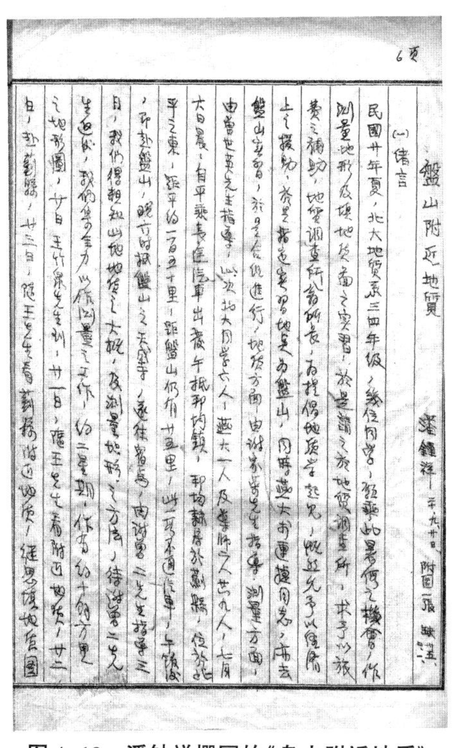
6页

盤山附近地質　潘鍾祥　附圖一張

(一)緒言

民國廿年夏，北大地質系三四年級，諸位同學，趁此暑假之機會，作測量地形及填地質圖之實習。於是請之於地質調查所，求予以旅費之補助。地質調查所翁所長，爲提倡地質學起見，慨然允予以經濟上之援助。於是指定實習地是爲盤山。同時燕大亦遣同志，前去盤山實習，於是合作進行。地質方面由謝家榮先生指導，測量方面，由曾世英先生指導。此次北大同學六人，燕大一人及導師二人共九人。七月六日晨，自平乘長途汽車出發，午抵邦均鎮。邦均鎮屬於薊縣，位於北平之東，距平約一百五十里，距盤山仍有廿五里，此段不通汽車。午後，即赴盤山，晚宿於盤山之天成寺，遂住宿焉。由謝曾二先生指導三日，我們得粗知此地地質之大概，及測量地形之方法。待謝曾二先生返平，我們乃全力以作測量之工作。約二星期，作成約十餘方里之地形圖。廿日王竹泉先生到，廿一日，隨王先生看附近地質。廿二日，赴薊縣，廿三日，隨王先生看薊縣附近地質，繼思填地質圖

图 4-19　潘钟祥撰写的《盘山附近地质》报告首页

潘钟祥父亲叫潘祖莹,他喜读诗书,除经营祖业外,主要从事教育工作,在当地以博学称誉。民国初年,家业衰败,潘钟祥幼年丧母,受继母虐待,被外祖母接去抚养,直到小学毕业。外祖母知书识礼,待人宽厚,治家严格,从五岁起就教他背诵《千字文》《古文观止》等书籍。潘钟祥勤奋好学,成绩优秀,顺利考入名牌学校汲县二中,但回家后又受到继母的虐待。繁重的劳动、单薄的衣服、无端的责骂,给他的心灵带来不少创伤,但也激发他勤奋读书的意志和决心。他在学校结识了许多良师益友,而有抱负的青年

学子,对他的成长也有很大帮助。比他高一年级的同窗好友李春昱品学兼优,酷爱收藏石头,受其影响,潘钟祥对历史、地理和石头(矿物、岩石)颇感兴趣,并随时收藏。后来李春昱考上北京大学地质系,潘钟祥十分羡慕,立志向他学习。他在北京汇文中学上学时,因经济困难,白天念书,晚上当家庭教师维持生活。1924 年,他如愿以偿地考上了北京大学理科预科,1926 年升入地质系。

他积极参加北京大学地质学会组织的学术活动,特别对石油地质发生了兴趣。他阅读了大量中国和世界的文献资料,写成论文《油田之地质及其在中国之分布》。他满怀激情地写道:“石油为人日常必备之品,世界愈文明,则用石油愈多……回顾我们中国所用之石油奚自乎？非远隔重洋之美孚油,即俄罗斯之亚细亚油,而有中国油乎？中国地下,并非全无石油,虽不及美、俄、墨西哥等国之丰富,然陕西、甘肃、新疆、四川等省之储油量,不无开采之价值,惜无人过问,弃货于地,可惜也夫!”表达了他为振兴中华立志献身石油地质事业的决心。他 1928 年因病休学一年,1929 年复学。

1931 年,他从北京大学地质系毕业,先后在中央地质调查所和四川省地质调查所任职,到陕西、河南、察哈尔(现内蒙古一部分)、江苏和四川等省从事石油地质、煤田地质、区域地质调查和找矿工作。1940 年,经考试获得中华教育文化基金会资助赴美留学,在堪萨斯大学及明尼苏达大学学习石油地质学及矿床学,1946 年获博士学位后,就立即回到祖国,历任中山大学教授、地质系系主任兼任两广地质调查所所长。1950 年到北京大学任教授,1952 年到北京地质学院金属及非金属矿产勘探系、石油地质系任教授、系主任。1978 年任武汉地质学院北京研究生部教授,石油地质研究室主任。潘钟祥是中国石油学会创始人之一,曾任该学会副理事长。

潘钟祥与天津的缘分很深。他是第一位以专业视角对盘山进行科学考察的人。

盘山历史上曾被列为中国15大名山之一，而与泰山、庐山、普陀山齐名，并因乾隆皇帝“早知有盘山，何必下江南”的诗句而闻名遐迩。盘山呈岩株状产出，方圆60多平方千米，最高海拔864.4米。它是1亿年前的中生代时期形成的侵入岩，经地壳运动后穿透古老的中上元古界地层而突出地表，并经长期的风化剥蚀形成的。由于花岗岩节理、裂隙极为发育，故山势奇伟、怪石嶙峋，还由于花岗岩风化后，形成富含微量元素的麦饭石，所以，植被茂密，水石清幽。盘山不仅拥有秀丽的自然风光，作为名山，盘山拥有丰厚的文化底蕴。盘山在唐朝时就是著名的佛教胜地。鼎胜时期建有72座佛寺，13座古塔，并因之有“东五台”之称。不仅吸引了善男信女，而且迎来了文人墨客、皇亲国戚，留下了无数的故事传说、诗赋墨宝、碑记题刻。仅康熙皇帝曾9次光顾盘山。为适应游乐享用、宴饮接驾之需，还修建了规模宏大皇家园林——静寂山庄，使皇帝出行更为方便，乾隆皇帝游历盘山有28次之多。

1931年6月，地质调查所为决定在暑假期间，组织并资助地质专业的学生进行野外考察。当时在北京大学和燕京大学就读的高振西、熊永先、高平、潘钟祥等七名同学参加了这一活动，中国地质调查所的谢家荣、曾世英、王竹泉三位专家，受所长翁文灏的委托对此次活动进行了技术指导。这一活动分两个阶段进行。第一阶段，7月6日至7月26日共20天，部分人员对盘山一带进行测量实习，绘制了地形图。第二阶段，是分成三个组分别进行不同区域进行地质实习，其中潘钟祥利用一个月的时间对盘山进行了地质调查。回京后，于9月20日撰写了《盘山附近地质》的考察报告。该报告为手写竖排，16开本共11页，约4500字。主要内容有三个部分：一是对盘山地形地貌进行了测量和描述。盘山东西宽约4500米，南北长约8500米，全为花岗岩侵入体。“林木丛生，泉流潺潺”，颇有江南同味，认为盘山为京东风景最佳之处，与北方多荒山秃岭明确不同。指出云罩寺为最高峰，约900米。二是对盘山一带地层和构造进行了分析。认为盘山花岗岩体之外地层是震旦纪时期形成的海相沉积岩，

图 4-20　盘山碑石

可细分为五部分。自下而上依次为下石灰岩、黑色页岩、上石灰岩、黄色页岩、石灰岩。盘山一带构造比较简单，花岗岩侵入体之外地层的倾斜方向随花岗岩而转移，既北侧倾向于北，南侧倾向于南。可见，震旦系地层自形成以后，数亿年间处于水平状态，很少发生挤压褶皱。三是发现了锰矿。在夏各庄村北发现了"褐色土"，既锰矿石风化壳，为寻找锰矿提供了依据。这是本市第一次有关锰矿的记载。此外，还发现了铅银矿。在盘山东北石塘峪，土层覆盖之下有铅矿苗出露，潘钟祥对当地人采挖的矿物标本进行鉴定，认为属铅矿体，并推测可能含有银。

尽管这次地质调查活动的时间很短，在中国地学史上的影响有限，但谢家荣、王竹泉、高振西、潘钟祥等一批地质学家的名字，应永远载入盘山这座名山的文化史册。

贾恩绂与《地质歌略》

贾恩绂，字佩卿，自号“河北男子”，1865 年生于盐山县常金乡贾金村，1948 年 8 月卒于河北通志馆，享年 83 岁。著名的教育家、方志学家和地质启蒙思想家。

贾恩绂 10 岁随其父贾拱宸（为清朝贡生）读书，16 岁入县学。1890 年到保定著名的连池书院求学，考试成绩每每名列前茅，受到书院主办、著名的桐城派文学家吴汝纶（曾给严复《天演论》作序）所器重。1893 年考中举人，其后在丰润、定县、保定、北京等地任教。1911 年前后在保定直隶通志局担任编纂，1947 年任河北通志局总纂。贾恩绂少有大志，尝以思易天下为已任，故题其住室“思易草庐”。

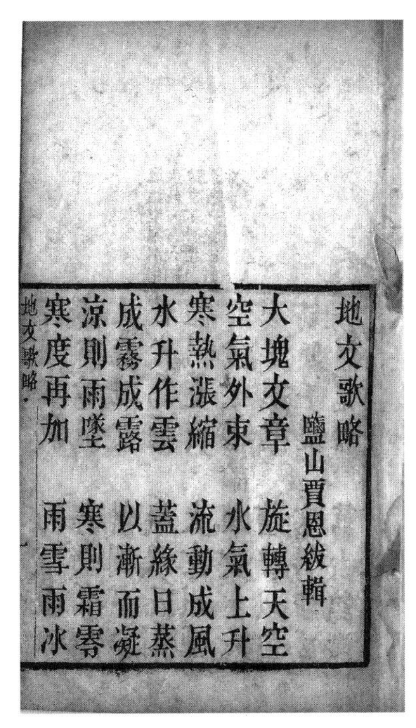
地文歌略
鹽山賈恩紱輯
大塊文章　旋轉天空
空氣外束　水氣上升
寒熱漲縮　流動成風
水升作雲　蓋緣日蒸
成霧成露　以漸而凝
涼則雨墜　寒則霜零
寒度再加　雨雪雨冰
地文歌略　一

图 4-21　《地文歌略》书影

1897 年，贾恩绂应直隶丰润知县、著名教育家卢木斋邀请，担任县学主讲，并主持经籍学堂，与卢木斋交谊甚笃。1900 年在定县创办定武学堂，著有

《定武学记》。其后又在保定崇实学堂、北京贵胄学堂任教习。应当是与地学教育家张相文同时,因此贾恩绂是我国最早的地学教育者之一。贾恩绂十分关心家乡盐山的教育事业,曾为盐山高等学堂捐书一百多种,并长期受聘担任学堂董事长,使盐山教育名闻河北。他在治学上继承了吴汝纶先生的教育思想,主张求知务实,要求学生以读书为要义,并倡导"济世救民"。冯国璋任总办的贵胄学堂多为不学无术的王公子孙,他的主张很难实现,失望之余于 1909 年愤然辞职。

贾恩绂在 1911 年前后担任直隶通志局编纂。从此,开始了漫长的修志和著述生涯。先后主修过《盐山县志》《定县县志》《河间县志》《南宫县志》《枣强县志》《河北通志》等多部志书。他在修志过程中积累了丰富的经验,并形成了一套主张。他认为,修志要"志为地史,文贵成章"。他对章学诚沿用正史的体例撰修方志的做法提出批评,认为:"区区方志,本以疆域为主体,于帝王何与?"他一生著述多达三十余种,除方志外,尚有《东游日记》《共和钩沉》《文钞》《诗钞》《思易庐日记》等。

贾恩绂学识渊博,功力深厚,加之桐城派大家吴汝纶之真传,故其诗文内容丰富、形式畅达、情感真挚。著名的启蒙思想家、教育家严复称其诗"劲折沈奥,思力深厚,下语有古人风骨"。严复还在贾恩绂的诗卷中题诗一首:"河北有男子,骧首隘八荒。结庐篇思易,慨然含羲皇……"吴汝纶先生亦评论说:"文雄厚苍郁,得阳刚之美,退之后所罕见。"

贾恩绂对天津地质学的贡献,主要体现在他编著的《地质歌略》《地文歌略》上。"大地来源,古籍未明;作石史者,西人是精。独详欧美,他洲不称。据理以推,大略当同。"这是《地质歌略》开头的一段文字。《地质歌略》《地文歌略》是一套地学(地质学与地理学的合称)韵文读物。众所周知,韵文具有通俗易懂的优点,是对儿童进行启蒙教育的理想方法。基于此,历朝历代往往采用韵文形式进行道德、历史和社会方面的教化,形成了中国特有的教育传统。如我们熟知的四字韵文读物《千字文》等即是这方面的典型代表。但采用韵文进行自然科学的普及性教育,则只是最近一百年的事。

该套书分为两册，为 32 开本，线装，木刻竖体印刷。只在封面内页注有“盐山明贾恩绂辑撰”字样，有关出版商号、出版年代等详细情况并未注明。《地质歌略》有 20 页，共 588 句、2352 个字。《地文歌略》有 15 页，共 526 句、2104 个字。正文（不包括注释）均采用类似于《千字文》的四字歌诀形式，具有韵脚和谐、形式活泼等特点，读之朗朗上口，满口生香，在具有浓厚的重文轻理传统的国度里，作为地学的启蒙教材，能够保留至今实属不易。

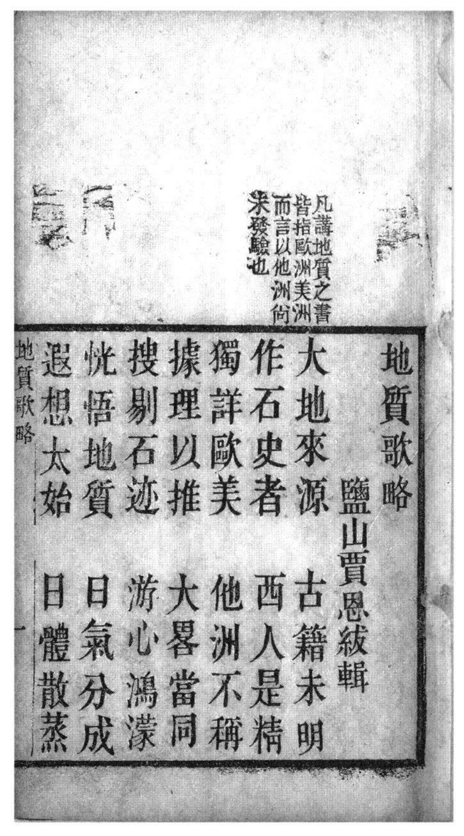
凡講地質之書皆指歐洲美洲而言以他洲尚未發驗也

地質歌略

鹽山賈恩紱輯

大地來源　古籍未明
作石史者　西人是精
獨詳歐美　他洲不稱
據理以推　大畧當同
搜剔石迹　游心鴻濛
恍悟地質　日氣分成
遐想太始　日體散蒸

地質歌略　一

图 4-22 《地质歌略》书影

《地质歌略》的内容包括五个部分，外加一个附录。第一部分为总论，阐述地球“迁变”及原因。第二部分介绍地球迁变的动力类型、地史分期和生物演化。第三部分到第五部分，分别介绍火成岩、水成岩、火汁岩（即喷出岩）。最后为附录，介绍海洋地质情况。

《地文歌略》包括总论、光热、空气、风、水气、雷电、彩虹和海市等七个部分。对常见的自然地理现象进行了描述和分析。其中最值得称道的是有关海市蜃楼原因的记述：“气热突起，上压下升。日射中隙，回光凌空。下界影相，摄现全形。”

关于这套地学“千字文”的成书年代，书中并未载明。但据笔者推断，其出版年代应当在清末，最晚不过民国初年。其原因：一是考虑纸张、印刷方式和装订特点。该书采用的是罗文纸和木刻印刷,是清末较为普通的印刷用纸和印刷方法。“三段式”的装订习惯亦保留清末特点,故其年代当推定为清末。二是从内容上来看。地质学传入中国并出现科学意义的“地质”“地理”概念,始于清咸丰三年(1853)。是年,英国人慕维廉编著的《地理全志》中文版由上海墨海书馆出版。该书共分上下两编,上编为地理学,下编为地质学。从内容上看,与这套地学“千字文”已比较接近。我国近代著名地理学家张相文,曾在1900年左右,编写过地质学、地文学方面的教科书,故推定其为清末作品是有道理的。三是从作者的生平情况进行推断,亦应该是清末民初。

另据笔者从查阅相关文史资料获悉,《地质歌略》《地文歌略》是由天津官报馆印刷的,这对于研究地学教育史无疑具有重要参考价值。

章鸿钊与天津矿产

章鸿钊,字演群(后改为爱存),1877 年 3 月 11 日生于浙江吴兴县(今浙江省湖州市),1951 年 9 月 6 日卒于南京。地质学家、地质教育家、地质科学史专家,中国科学史事业的开拓者。

1882 年 5 岁时进入他父亲章蔼士所开的蒙馆读书,由他父亲授读四书五经约六七年,奠定了他坚实的国学基础。17 岁时,自习钻研算学,到 21 岁时便辑成《初步综合算草》一册。1899 年考中秀才后,应邀当私塾教师数年。1902 年考入上海南洋公学开办之东文书院。除学习日文外,还兼学历史、地理、哲学、社会学诸门。他在校学习努力,仅年余对本文义已尽了解,课余开始译书。本想三年后毕业工作,不料南洋公学因经费支绌而决定将东文书院停办,这对求学以报祖国章钊来说,实是意外之打击。1904 年在家深受辍学之苦,及秋间奉原东文书院校长罗韫锡函召,去广州在两广学务处襄办辑教科书。1905 年官费赴日本留学,入日本京都第三高等学校。毕业后本拟转入大学农科,由于农科名额所限,只能改变学科志愿。在这关键时刻,章鸿钊抱定"宜专攻实学以备他日之用"宗旨,决然改学地质。他认为,"予尔时第知外人之调查中地质者大有人在,未闻国人有注意及此者。夫以国人之众,无一人焉得详神州一块土之地质,一任外人之深入吾腹地而不知也,已可耻矣"。1911 年,他从东京帝国大学理学部地质系毕业获学士学之后,立即回国开展工作。1911 年

9 月,当时的学部举行留学生考试,他赴京参考,最优等成绩而得“格致科进士”。同榜中还有一从英国学地质归的丁文江,同行相遇,相谈甚洽,都有一颗为创办我国地质事的决心。他随即应聘为京师大学堂农科的地质学讲师,所以章鸿钊是国人在大学讲授地质学的第一人。1912 年中华民国临时政府在南京成立,章鸿钊在实业部矿政司下设的地质科任科长。为实现其远大抱负,章鸿钊认为中国地大物博,资源丰富,但必须勘查以摸清家底,于是行文各省考查征调四项:地质专门人员、地质参考品、各省舆图、矿山区域图说。并拟就《中华地质调查私议》一文,强调地质工作之重要,以唤起全国人民关注,文末附筹设地质研究所简章,意在培养青年。经过一番艰辛努力,于 1913 年地质研究所正式在北京成立,章鸿钊任所长。此名为地质研究所,实为我国最早的一所地质专科学校。此后,他便全力以赴培养地质人才。1916 年地质研究所培养的学生毕业之后,与该所同时成立的地质调查所扩大,章鸿钊便出任地质调查所地质股股长,从事地质矿产的综合研究工作。1922 年,在章鸿钊积极倡导下,于年初成立中国地质学会,章鸿钊被推选为首任会长。这一学术团体为中国地质事业的发展起了十分重要的作用。1928 年因病,只得放弃野外地质调查,决意辞去地质调查所工作,以便有较多时间休养并从事著述。此后一段时期,章鸿钊撰写论著甚多,涉及地质科学的多个领域。抗日战争时期,章鸿钊因年高多病而困居北平,闭门谢客。1940 年因长子病故而心情不佳。1941 年乘车失足致使左足踝骨骨折,入院近年始愈,因经济拮据,部分医药费用仰仗他的学生自重庆馈赠。当时日本侵略者屡次赴门敦请,他始终不屈,拒绝同日本人合作。在经济条件极端困难时,宁愿将整套地质书籍出售度日,仍坚决不向侵略者低头。1946 年应聘为南京国立编译馆编纂,从上海迁居南京地质调查所,专心著述。1949 年 9 月,中华人民共和国即将成立前夕,章鸿钊出任浙江省财政经济处地质研究所顾问,为新中国的地质工作尽力。1950 年 8 月 25 日,中国地质工作计划指导委员会成立,李四光出任主任委员,由周恩来总理任命章鸿钊为该委员会顾问。

概括来说，章鸿钊的突出贡献表现在三个方面：一是致力于地学人才的培养。1911 年回国后即担任了京师大学堂地质系总教习。此后，又先后兼任北京大学、北京高等师范学校教授。1913 年，与丁文江、翁文灏等共同创办了我国第一个地质研究所，培养了第一批专门的地学人才。其二，倡导成立了中国地质学会，并当选为首届会长，同时创办了中国第一份地质学杂志——《中国地质学会志》。据民国三十七年(1948)9 月号《科学大众》(科学团体特辑)，在全国最具影响的 17 个科学社团中，中国地质学会是我国最早成立的科学团体。其三，从事地学研究和著述。他的《杭州府及邻近地质》是中国地质学者撰写的第一篇区域地质报告。1921 年撰写的《石雅》是中国第一部对古代岩石、矿产进行考证的总结性著作。最著名也最具影响力的是《中国温泉辑要》《古矿录》这两部凝聚作者数十年精力的科学巨著。

图 4-23 章鸿钊《古矿录》书影

《中国温泉辑要》完成于 1926 年，是我国第一部系统记录各地温泉状况的专门性志书。全书搜集整理的温泉点共有 972 处,涉及当时我国的 26 个省区。值得注意的是有关蓟州温泉的记载:“蓟州温泉,笄头山所出,浴之能治百病。”众所周知,本市平原之下分布着大面积的地热(俗称温泉),而北部山区因断裂构造破碎,人们一直以为不存在温泉的富集条件。但近年来,科学工作者陆续在蓟州发现了温泉的天然露头,从而否定了数十年来所形成的传统认识,章先生引自《畿辅通志》的这条记录,也恰恰从历史的角度为我们重新认识蓟州的温泉提供了佐证。

“由来矿人职,数典记周官。从头问取黄帝,兵甲始何年……”这是章鸿钊总结《古矿录》一书的写作过程而撰写的一首名为“好江山”的旧体词,洋溢着作者对物华天宝、人杰地灵的祖国母亲的热爱之情。《古矿录》完成于 1937 年。在数十部史籍中,广征博引,去伪存真,辑录了各省市 1 千多处矿产地的资料,按地区和矿种加以归并编排,形成了十卷本约 30 万字的宏篇巨著。这是继鲁迅、顾琅 1906 年在日本合著的《中国矿产志》之后,我国又一部系统的矿产专业志书。其矿种范围包括金、银、铜、铁、锡以及石油、煤炭等七十多个,另有石燕、龙骨等化石类别十几个。其中在第七卷涉及本市的条目(原文在条目下加有注解)共有四处:一是“泉州(今武清区)有铁”;二是“镇朔卫(今蓟州西)北有盐池”;三是“无终山(今蓟州治北)即帛仲理所合神丹处。又于是山作金五千斤以救百姓。”;四是“蓟州垣墙山一名万安山。在蓟州西五十里。山有铁鼎。其下旧有铸冶处”。

蓟州的金、铁等矿产已为地质工作所证实,但池盐则有待进一步查证。至于武清县(今武清区)的铁,似乎是古人的臆断。因为铁矿均分布于石质岩层当中,武清乃为冲积平原,地下数千米乃为基岩,古人无论如何也不会找到铁矿的。但据史载,西汉时,泉州设有铁官,因此笔者推测此条目之“铁”乃为“铁官”之误记也。

邝荣光与第一张《直隶地质图》

邝荣光生于1860年，卒于1962年，祖籍广东台山市台城岭背蟹村，是清末著名的地质学家和采矿专家。

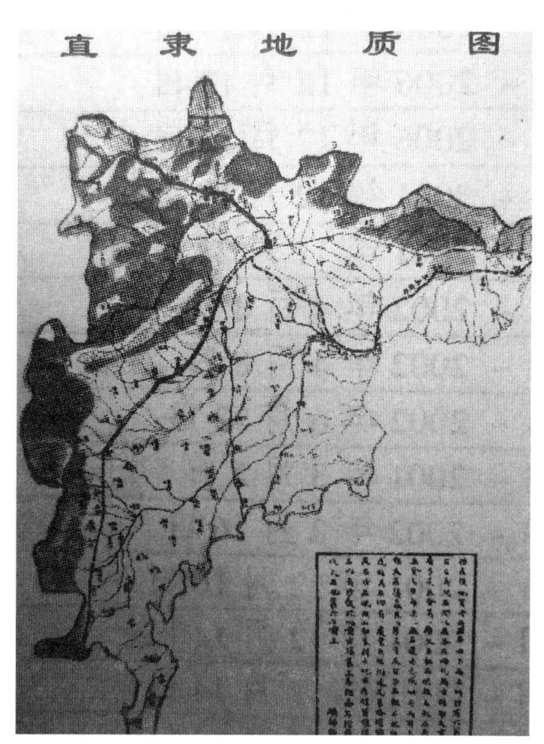

图4-24　中国第一幅地质图——《直隶地质图》

1872年8月11日，经清朝政府批准，在陈兰彬、容闳率领下，中国第一批公派幼童留学生邝荣光、詹天佑、梁郭彦等30人从上海启程，前往美国开始留学生涯。这是中国幼童学生首次大规模留学美国。这一年邝荣光12岁，他是我国第一批公派幼童留学生。在美期间，学完了小学和中学课程，而后就读于美国拉法叶学院采矿专业。1881年，在留美计划正在实施的第十个年头时，清政府却下令召回所有留学生，留学计划半途夭折，功亏一篑！原因是朝廷内部的保守势力对留美学生的自由生活，以及在学习领域过于广泛的涉猎表示忧虑，担心这些学生日后忘了祖上的规矩，沾染上洋人的恶习。另外，李鸿章原计划将孩子送入美国军校学习的计划没有得到美国方面的支持，同时美国西海岸的排华浪潮也给两国关系蒙上了阴影。邝荣光回国后，被分配到开滦煤矿任矿师（即工程师），而后又担任过开滦矿务局（旧址在原中共天津市委大院）代理总经理、直隶矿政调查局总勘矿师（相当于总工程师）等职。1909 年 9 月，与张相文等一起在天津参与筹建中国地学会，并担任首批评议员（相当于理事）。邝荣光对我国地质和采矿事业作出了突出贡献。据说，1900 年，邝荣光协助吴仰曾（与邝荣光一起留美，时任开平矿务局副局长）保卫开滦煤矿，受到俄国军队的追击。他还曾是本溪煤矿、湘潭煤矿的发现者之一。邝荣光在直隶矿政调查局任职期间，曾组织对直隶（即今河北省）进行了地质、古生物以及矿产调查工作，并亲自绘制了《直隶地质图》《直隶矿产图》《直隶石层古迹（化石）图》等图件，分别发表在中国地学会在天津出版的《地学杂志》第一期和第二期上。其中的《直隶地质图》是目前为止已知的中国人绘制的最早的彩色地质图。该图标有地形、地貌、水系、城市、铁路等地理和地质信息，已经具备了地质图的基本要素，因此被著名地质学家黄汲清认定为我国第一幅区域地质图。《直隶石层古迹（化石）图》记录了直隶全省范围内的化石分布情况，是我国第一幅较为正规的古生物图件。《直隶矿产图》标示了金、银、铜、铁、铅、煤等六种主要矿种的产地分布，被公认为我国最早的分省矿产图。基于对我国地质和采矿事业的贡献，1909 年，邝荣光被清朝政府认定为科举出身，并由学部授予邝荣光工科进士。中华人民共和国成立后，邝荣光曾为天津文史馆馆员。1962 年，邝荣光在天津逝世，享年 102 岁。

蒋一葵与天津风物

在明代,记述天津风物的文献很少,以风物志和诗话形式,全面反映津沽风物的,当属蒋一葵的《长安客话》了。

蒋一葵,字仲舒,别号石原,江苏武进人。明永乐年间曾在广西为官,后迁任京师西城指挥使。据《长安客话》序文,蒋氏有感于骚人著撰“散逸不传”,于是“行辄命童子以奚囊随,到处走荒台断碑……凡散现于稗官野使,若古迹、若形胜、若奇事、若名硕,吟咏日月,即蔚然成帙”。这就是《长安客话》的由来。

《长安客话》虽是一部地方文献,但其涉猎范围并不限于长安(指北京),而是涵盖了京都、城郊、边镇甚至整个畿辅一带。其内容上的特点,一是侧重于记述山水风景、方言土俗、人物事迹,相当于现在的风物志;二是在记述过程中,常常引用前人诗句,不仅保留了大量文献,而且还使内容丰富,形式活泼,读之满口生香。

《长安客话》对天津地质风物的记载颇为详细。自清康乾以来至今,在编写有关天津的地方志中,该书的记述常常被人引用。概括来说,主要包括如下内容:一是在卷五“畿辅杂记”部分对蓟州山水名胜的描绘,包括古渔阳、桃花寺以及盘山、燕山、无终山等。二是在卷六“畿辅杂记”部分对天津南部水体、古迹、名胜和特产的记述和描绘。水体类,包括潞河(北运河)、古雍奴、三角淀、北潭;古迹类包括泉州故城、凤凰台、石幢等;

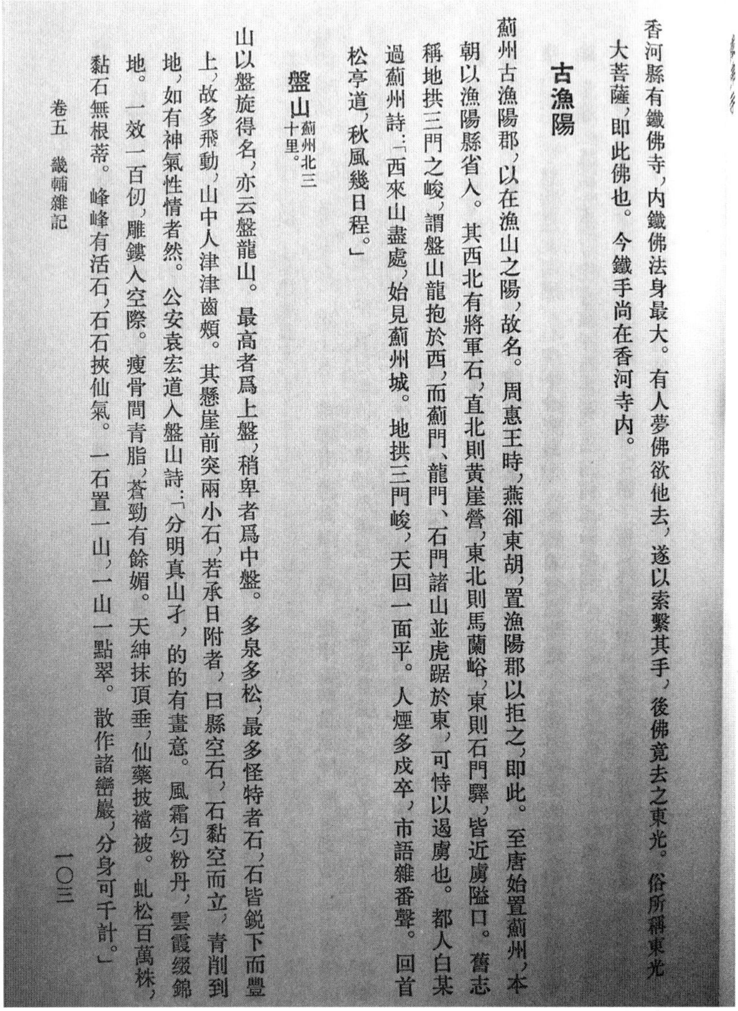

香河縣有鐵佛寺，內鐵佛法身最大。有人夢佛欲他去，遂以索繫其手，後佛竟去之東光。俗所稱東光大菩薩，即此佛也。今鐵手尚在香河寺內。

古漁陽

薊州古漁陽郡，以在漁山之陽，故名。周惠王時，燕卻東胡，置漁陽郡以拒之，即此。至唐始置薊州，本朝以漁陽縣省入。其西北有將軍石，直北則黃崖營，東北則馬蘭峪，東則石門驛，皆近虜隘口。舊志稱地拱三門之峻，謂盤山龍抱於西，而薊門、龍門、石門諸山並虎踞於東，可恃以遏虜也。都人白某過薊州詩：「西來山盡處，始見薊州城。地拱三門峻，天回一面平。人煙多戍卒，市語雜番聲。回首松亭道，秋風幾日程。」

盤山 薊州北三十里。

山以盤旋得名，亦云盤龍山。最高者爲上盤，稍卑者爲中盤。多泉多松，最多怪特者石，石皆銳下而豐上，故多飛動，山中人津津齒頰。其懸崖前突兩小石，若承日附者，曰縣空石，石黏空而立，青削到地，如有神氣性情者然。公安袁宏道入盤山詩：「分明真山子，的的有畫意。風霜匀粉丹，雲霞綴錦地。一效一百仞，雕鏤入空際。瘦骨閒青脂，蒼勁有餘媚。天紳抹頂垂，仙藥披襤被。虬松百萬株，黏石無根蒂。峰峰有活石，石石挾仙氣。一石置一山，一山一點翠。散作諸巒巘，分身可千計。」

卷五　畿輔雜記　一〇三

图 4-25　明代蒋一葵《长安客话》有关盘山的记载

名胜类包括三沽（丁字沽、西沽、直沽）、杨柳青、宝坻、芦台等；物产类，主要是宝坻银鱼（即北塘银鱼，因北塘当时属宝坻县管辖）。三是在卷七“关镇杂记”里面，介绍了黄崖峪（黄崖关）。在这此内容里，保存了 23 首文人或地方官吏的诗词。这些人有王懋德，袁宏道、徐文长、王世贞、李贲、茅端征、高德、黄汝亨、王嘉谟、扬忠裕、庄泽等。如茅端征对盘山瀑布的描写：“何人卸鳞甲，石上遗苍痕。飞瀑腾千尺，声同万马奔。”真实地反映了盘山飞瀑流泉的气势。王懋德的《直沽》诗:“极目沧溟浸碧天,蓬莱楼阁远相连。东吴转海输粳稻,一夕潮来集万船。”这是迄今为止,从元朝流传下来的仅有的几首吟咏天津漕运景象的诗句之一。津沽银鱼(当时称宝坻银鱼),为明朝时贡品,徐文长曾有诗赞曰:“宝坻银鱼天下闻,瓦窑青脊始闻君。烦君自入蓑衣伴,尽我青钱买二斤。”

蒋一葵是明朝文人中,对天津风物描述和记载最为全面的一位,他的《长安客话》为清朝以来天津的许多地方志所引用,是研究天津民俗文化不可多得的史料。

王宠佑毕业于北洋西学堂

提到中国的地质学家，人们往往首先想到的是李四光、丁文江、章鸿钊、翁文灏诸氏。殊不知，中国最早的地质学家并不是上述这些人，而是比他们早几年出道的王宠佑。

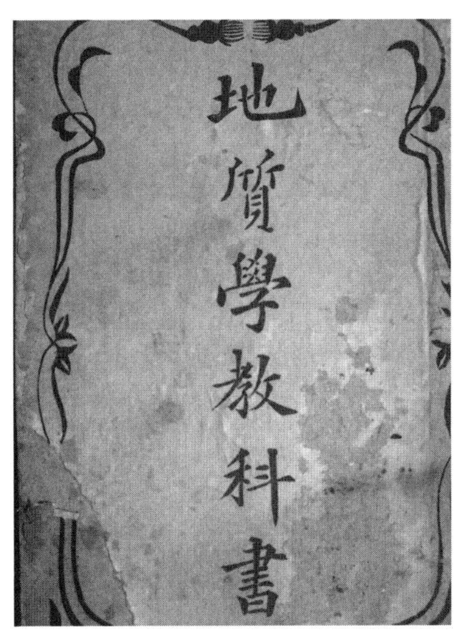

图 4-26 中国最早的《地质学教科书》

王宠佑（1879—1958）是广东省东莞县（今东莞市）人。1893—1895年，在香港皇仁书院就读。1895年，天津北洋西学学堂（北洋大学前身）在香港招生，王宠佑和其弟王宠惠（著名外交家，曾取得我国第一张大学文凭）以第一、二名的成绩被北洋西学学堂录取。王宠佑入矿冶科学习地质、矿物和岩石等科目，于1899年肄业。1901年赴美加利福尼亚大学矿务科进修，次年底转入哥伦比亚大学应用科学系学习矿物学和地质学，并师从著名地质学家葛利普先生（曾在中国生活了二十多年并任中国地质学会创立会员）学习地层和古生物学。1904年，取得硕士学位。1908年回国，先后在湖南、广东、湖北、北京等地的矿业公司，担任技师、工程师、总经理等职务。抗战爆发后，在国民政府资源委员会担任主任委员，参与筹备云南钢铁厂，为抗日战争作出了贡献。抗战后期，因病移居美国，担任美国华昌矿部公司的研究部主任，因经营锑矿成绩斐然，被誉为“锑大王”。

王宠佑在矿产地质方面建树颇多。其中，早在1907年就在美国《工程与矿业学会》上发表了《中国煤的生产》一文，这是他发表的第一篇学术论文。后来，又出版了《煤业概论》《铁矿》《锑》《钨》等四部书。他的《地质构造与矿床之关系》《海洋深渊和地槽对于矿床的关系》，是我国有关矿床和成矿规律的最早的论文，在地质学界具有一定的历史意义。

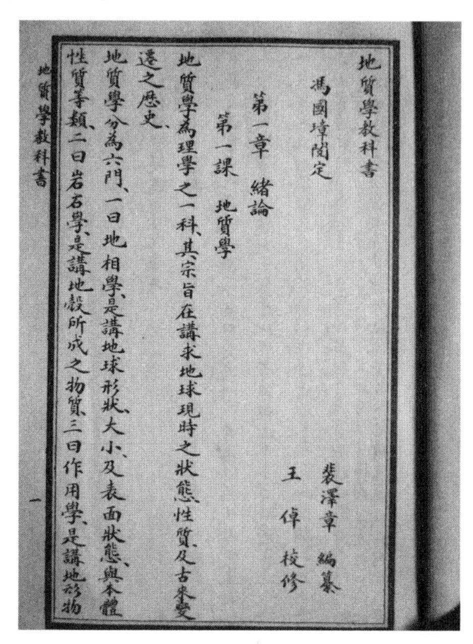

地質學教科書

馮國璋閱定

裴澤章 編纂

王 倬 校修

第一章 緒論

第一課 地質學

地質學為理學之一科、其宗旨在講求地球現時之狀態、性質、及古來變遷之歷史、

地質學分為六門、一曰地相學、是講地球形狀、大小、及表面狀態、與本體性質等類、二曰岩石學、是講地殼所成之物質、三曰作用學、是講地[illegible]物

地質學教科書　一

图 4-27　冯国璋审定的《地质学教科书》

王宠佑还是中国地质学会创立会员和早期领导者之一。从第一届至第八届始终担任学会理事。其中从第三届到第四届先后担任副会长、会长职务。在其担任领导期间（1925），为纪念和表彰他的老师、美国古生物学家的葛利普对中国地质事业的贡献，同时为表彰对地质学和古生物学发展有特殊贡献者，决定捐款600元设立“中国地质学会葛利普奖章”基金，足见其对中国地质事业发展的高度重视。

从1872到1875年，清政府向国外派出五批留学生，其中学习采矿和地质的有16人。这些人在没有完成学业的情况下，于1881年由清政府下令回国。除邝荣光比较有成就外，其余人等均无更多发展。邝荣光曾担任直隶矿政调查局总勘矿师、开滦煤矿矿师等职，并于1910年发表了

《直隶地质图》。从其取得的成果时间来看,较王宠佑为晚。中国地质学界前辈、著名地质学家丁文江、章鸿钊、翁文灏诸君,则分别于 1910—1912 年,才从日本、英国、比利时等国结束学业。其中章鸿钊 1911 年毕业于东京帝国大学地质系,丁文江 1911 年毕业于英国葛莱斯哥大学地质系,翁文灏 1912 年毕业于比利时汇文大学地质专业。至于李四光,他 1919 年才从伯明翰大学地质系毕业,较王宠佑晚十几年,由此可见,王宠佑才是中国第一位地质学家,而且是我国第一所西式大学培养的科学家,这令我们天津人倍感荣耀。

黎桑与天津的不解缘

黎桑(Emile Licent),中文名字叫桑志华,生于1876年,卒于1952年,是一位法国的基督教神甫、科学博士、生物学家。自1914年到1939年,他以天津为基地开始了长达25年的自然科学考察活动,著有《中国东北的山区造林》《黄河流域十年实地调查记》《桑干河草原旅行记》等,并在天津创建了著名的北疆博物院,这位具有献身精神的科学博士在中国自然科学史上,用生命书写了光辉的篇章。

关于黎桑早年在法国的生活、工作情况,目前史料并无记载。迄今大家所了解的情况仅限于1914年至1938年在华考察期间。所以,本文也重点介绍黎桑在这25年间的生活履历。

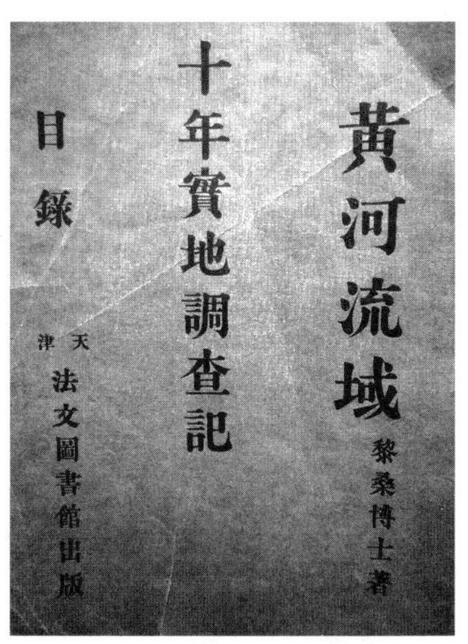

图4-28　黎桑《黄河流域十年实地调查记》书影

早在1912年,黎桑就产生了到中国北方考察的想法,他认为,在这些地区,无论从科学上,还是从经济学的角度上看,它的地质、植物区系、动物区系,人们都一无所知。对于他来说,开垦这块处女地,显然具有重要的科学意义。

1914年3月,他不远万里来到天

津。在法国设立的直隶省东南教区(设在献县)耶稣会会长告迪萨尔(R. Gaudissart)神甫的支持下,以坐落在天津旧法租界内的圣路易斯路18号(现营口道)的崇德堂(即教会财务管理处)作为活动基地,开始了他的考察活动。

从1924年7月开始,一直到1917年的四年里,他考察的地点集中在河北省、山西省、陕西省,采集的标本大都为动物和植物标本,其中,1915年3月,还曾到天津北塘附近,对鱼类和海洋动物进行了考察。

自1918年春天开始,黎桑的足迹开始向西北腹地延伸,他横穿山西西部,经榆林到达甘肃靖远、兰州,尽而向西进入青海西宁。一路上跋山涉水,风餐露宿,采集了许多珍稀的动植物、岩矿和化石标本,其中在甘肃庆阳以北的辛家沟,首度发现了以中国麒麟鹿、三趾马和鬣狗三大类为主的晚第三纪(距今1千万年前)上新世动物化石群,“开创了中国古哺乳动物学的新纪元”。1919年8月,黎桑用了7辆马车和18匹骡子将全部标本运送到天津基地。

1920年5月,黎桑途经山西返回了甘肃庆阳,进行了大规模的采掘活动,这期间发现了旧石器时代的石核、石片,这是我国境内首次发现旧石器,揭开了中国旧石器时代工具研究的序幕。

1921年,由于对标本要进行室内整理,这一年的考察活动延迟到了7月,只在山东省沿海一带进行了暂短的考察,采集了部分海洋动物标本。1922年9月,在在内蒙古萨拉乌苏河发现了更新世(距今3万年前)的哺乳动物化石群和石器。共有四十多种(含四个新种)。包括披毛犀骨、野马、野驴、纳玛象、羚羊等。

随着考察工作的进展,崇德堂已无法容纳那么多的标本。经法国耶稣教会、献县教区及法租界当局商议,在紧靠英租界的马场道南侧毗邻工商学院(法国教会下属高等学校)划出一块地方(今位于马场道117号),筹建博物馆第一座办公楼(北楼),1922年北疆博物院第一座馆舍正式落成,该幢楼为三层,由比利时义品地产公司工程部建筑师毕索(M. Bint)

设计并监造。北疆博物院的建立,是黎桑在中国辛苦工作的结晶,奠定了黎桑在中国博物馆史上的重要历史地位。

黎桑在内蒙古发现萨拉乌河挖掘化石标本时,意外地发现了河套人牙齿化石,这是中国第一个发现的古人类化石。黎桑在中国的重大发现的消息,以及化石标本送回法国后,引起西方学者的极大兴趣。1922 年,法国自然历史博物馆、法国科学院及法国教育部提供资助,由德日进、黎桑组成的"法国古生物考察团"来到中国,先后在宁夏水洞沟、陕西的榆林、辽宁的锦州、内蒙的赤峰等地进行三年的考察活动,挖掘到 4000 块石器,并共同撰写了《关于内蒙古和陕北第一次发现旧石器文化初步报告》,发表了《中国的旧石器时代》等专著。

1925 年 4 月,在河北阳原县泥河湾村发现了第四纪早更新世时期(距今约 240 万年前)的真马——三趾马动物群。主要动物有三趾马、板齿犀、剑齿虎、原始鬣狗等。如今,建立在泥河湾动物群基础上的泥河湾地层剖面已成为国际第四纪标准层型剖面。

为了满足工商学院教学及向公众开放的需要,1925 年,桑志华委托法商永和营造公司,由工程师柯基尔斯基(J. Kozirsky)设计,在办公楼西端开始建造陈列厅,并与办公楼相连。1928 年正式对外开放。其一楼陈列着岩矿标本(包括黄铁矿、石英、水晶等晶体)、古生物及古人类标本,如披毛犀、古象、鹿角等。还有许多宗教用品、民俗用品。二楼陈列着动植物标本,包括 400 种鸟类及成千上万种昆虫标本。1929 年、1930 年分两期对博物馆进行扩建,仍由永和公司设计施工,在办公楼南面又增加了一座二层新楼(南楼),在二楼增加了通道。这样一座包括北楼、南楼和陈列厅在内的完整的博物馆正式建成。北疆博物院是中国最早的博物馆之一,因此在中国博物馆史上占有重要地位,直到今天,北疆博物院的名字仍然为学术界所津津乐道。

1925 年 10 月,黎桑返回法国。1926 年春天与德日进结伴到了天津,开始了新一轮的考察活动。其中,1927 年 4 月先后到承德、赤峰、周口店进行考察。1928年至1929年在东北哈尔滨、长春、沈阳、大连进行考察。1930年在京津一带进行考察。1931年对张家口、辽东半岛进行考察。1932年在陕西省考察,1933年在山西省考察。

1934年,在经历几年的平淡期后,黎桑与汤道平(M. Trassaert)在山西省东南的榆社盆地的武乡、沁县及长治一带,挖掘出了具有编年史特点的哺乳动物化石群,其年代距今约在800至400万年前,即从新第三纪到早更新世晚期。包括成批的三趾马、犀牛、古象、羚羊等动物骨架化石。

1935年到1938年,又先后在山东省、山西省、内蒙古等地考察。这期间最值得提及的是由他指导开凿了天津第一口地热井,在天津温泉文化史上书写了重要一页。该地热深井也是"津市唯一自流井",坐落在旧法租界老西开教堂附近(今和平区宝鸡道2号景阳里小区),井深861米,出口温度29℃-30℃(另有记载为34℃),井口每小时自流量6000加仑(相当于27.3吨),若用水泵抽水则可达每小时20000加仑(相当于91吨)。据地质工作者调查,该井1972年开始停止自流,到1992年左右因房地产开发而封闭填埋。

据刊于1936年5月13日和5月18日《益世报》的两篇文章《津市唯一自流井开凿完竣成绩优良》《西开自流井完成后黎桑博士发表研究成果》载,过去老西开一带缺少自来水,中外居民用水十分不便,为此法租界工部局拟取用地下水解决饮水问题,"经工商学院黎桑博士之研究,于去年聘请英国凿井专家欧达雷达及华籍专家李宝生等来津视察"。当时,天津大多数水井水质不佳,即使英租界内的自来水井,"亦味咸而含氟素"。于是,经黎桑、欧达雷、李宝生反复研究,最后选择在老西开的空地上凿井。当时采用的钻机,是由美国制造的石油钻机,靠电力推动钻进。自1935年9月开始,到1936年5月结束,整个凿井工程历经八个多月。该井"水质硬性低弱,含钙镁颇少,绿化纳等杂质亦微,已证明为津市最纯净之水源"。另外,按照欧达雷的说法,老西开自流井,"打破全中国淡水井深度之记录","在中国为最深之淡水井"。另依据我国现行的

大公報　中華民國二十五年五月十三日　（第二張）

津市唯一自流井

開鑿完竣成績優良

每小時內能自動噴水六千加侖

【本市特訊】法租界老西開三十七號路，最近鑿成自流井一座，泉水自井口自動冒出，晝夜不息，極呈奇觀。此項工程歷八個月，近始完成。計耗工程費十二萬元。記者昨日親往調查，茲誌所得如次：

敬老會十七日舉行

「中外娛樂社」被抄經過

賭徒內女性甚多

老教師重婚案法院今晨公審

共黨投……

疏濬南運河延期開工

图 4-29　1936 年出版的《大公报》有关老西开自流井的报道

大　中華民國二十五年五月十八日　（第二張）

西開自流井完成後

黎桑博士發表研究結果

「河北平原」各地均可鑿得自流井

陝甘兩省同樣可能

【本市特訊】津市自流井開鑿成功，已誌本報。連日各界人士，前往西開五十七號路，參觀該井者甚多。此事使在華北地質上，已獲得新的發現，證明不但「河北平原」，能用科學方法，在各地鑿得自流井，即陝甘兩省，亦均同樣可能。有裨於今後開發西北，殊匪淺鮮。自流井工程指導者，為本市北疆博物院院長黎桑博士（P. Licent）。黎桑旅華數十年，曾於民國三年後之二十餘年內，在冀，魯，豫，晉，陝西，蒙古等地，作長期旅行，熟稔華北地質情形。記者往訪，叩詢發現自流井經過，及此井之科學價值。據稱如次：

開鑿方法

井水質量

疏濬南運河

今日開工

参加工人共……

图 4-30　老西开自自流井资料

国家标准，即《地热资源地质勘查规范》（GB/T11615—2010）的规定，地下含水层的水温超过 25℃即为地热资源，那么，老西开自流井实际上也是我市的第一眼地热井。

黎桑根据老西开地热成井资料得出以下三点结论：一是，河北平原，具有喷射（即自流）能力；二是，据化验结果，自流井之水，虽在近海地带，但极少盐质之成份；三是，喷射能力，随井之深度而增高。

有趣的是，黎桑还根据开凿这眼自流井的成功经验，推断我国西北干旱地区一样可以开凿地下承压水：“陕甘地质，与河北绝对相同，西北平原，荒歉连年，倘能多击自流井，开发水利，则农事之水源问题，全可解决。”这对于我国西北地区寻找地下水源无疑具有重要的指导意义。

黎桑在海河流域考察的这一时期正是中国现代自然科学的形成阶段，因此他对成长中的中国现代地质学、动物学、植物学、古人类学的贡献是显而易见的。

1937 年，由于东北、华北被日军占领，黎桑的考察活动终止，于 1938 年被迫返回国内，长达 25 年的考察活动就这样结束后。从此，黎桑再也没有踏进中国一步，直到于 1952 年离开人世。

25 年来，黎桑东进哈尔滨，西闯青海湖，南下黄河，北到塞外，跋山涉水，餐风饮露，累计行程 5 万千米。先后发现了甘肃庆阳、内蒙萨拉乌苏、河北泥河湾、山西榆社等四处新生代哺乳动物化石群，积累了 20 万件岩矿、动植物和古人类标本。其间，还聘请了瑞典、俄罗斯等国的十几位科学家，对标本进行了鉴定和整理。黎桑在中国考察的这一时期正是中国近现代自然科学的形成阶段，因此他对成长中的中国近现代地质学、动物学、植物学、古人类学的贡献是显而易见的，黎桑对于中国科学事业的贡献将永彪史册。

胡佛与天津

1928年11月30日第三十二期《良友》刊发了作者明耀五的文章,介绍了美国总统胡佛的传记,其中提到了他在天津的一些情况。

胡佛是一名采矿工作师,1874年生于爱奥华州(Iowa)的西布兰奇(West Branch)。他到美洲的始祖是最初的殖民,到他是第六传。最初三四代都是业农,到他祖父有了机械的倾向,除务农外,兼泥水作,他父亲并弃农而为铁匠。他之所以走工程一途,遗传上不无关系。胡佛一族信仰的是基督教中朋友会(Quaker),待人处己,以严直为主,他有兄妹各一人,胡佛行二。

胡佛6岁时,父亲染疾弃世,母亲为人缝纫传道以抚养三子。她曾受过中等教育,知道教育的重要,故立意要使三子都得进大学。不幸丈夫死后五年,胡佛方才11岁,她也就继之下世。剩下胡佛兄妹三人,归新族分任抚养之责,胡佛到一个叔父家里去住。遗产变卖,得银2000元,交律师存放,储为兄妹三人的学费。

在叔父家里住了四年,除进乡村学校外,还帮着叔父做家中杂务。当时他的舅父在经营地产,那地方要办一间学校,觉得他可以半工半读。便把他叫去。他去那里读了两年书,这位舅父的事业发展到他处,他便停学跟了去做办公室的一个役童。不久碰到一个工程师,告诉他上议员斯坦福(Stanford)要办一所大学,工程科需要多好教授,劝他前去工读。他中

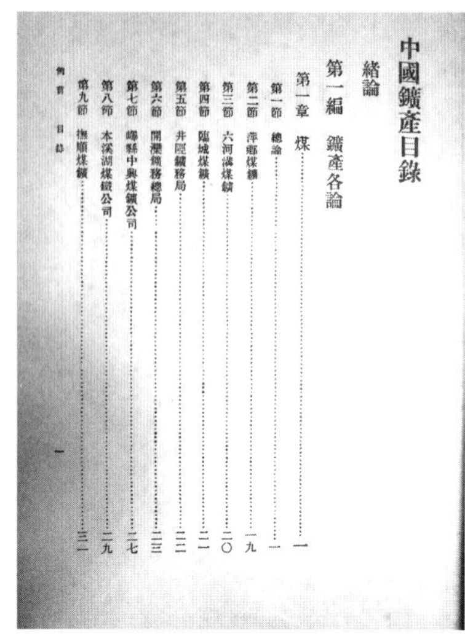
中國鑛產目錄

緒論

第一編 鑛產各論

例言 目錄 一

图 4-31 《中国矿产》一书目录

学尚未读完，各科均无根底，故投考落选。补习两个月之后，终于考上。1891年秋，他满 17 岁，便进了斯坦福大学。

胡佛进大学并无人供给他，遗产项上所得，连上做工积得的，总共只有 200 元，还不够 1 年的开销。因此非觅得一份相当的工作不可。开学时先在注册处做了些时临时书记，又代洗衣处收衣服。除这些外，他的矿科主任教授还用他做半日的书记。在大学的三个暑假内，连上毕业后的一个，他都勤苦工作。第一个假期跟他的主任教授去测量，以后三个暑假都是到美国地质学会做同样的事情。所绘的地图得主事者赞赏，并曾在展览会得过奖品。既得到很可观的薪金足为一年这用，更得了不少的实地经验。

他虽然要工作以自给，而他的功课并不受到影响。只是英文作文因为根底浅的缘故，直到毕业前经矿科主任拿他的工程课卷与英文部交涉，质问是否能够发表自己的意见还不堪得授学位，才得及格。四年级时德文不够分，但是终于在末了一期内补完。在校内各种生活都有参加，他所提出的学生会组织章程至今还在沿用。他担任学生会的司库，以足球收入来维持会费。司库本来是有薪金的，但因学生会是他提倡的，不愿意使人说他目的在得职位所以不受薪。

上四年级时，一年级来了一个名卢·亨利(Lou Henry)的女生。他与她在试验室里结识，以后友谊日密，后来在澳洲受聘来中国时，打电话求婚，结婚则是在回美预备启行时举行的。

胡佛于 1895 年毕业，那时还只有 21 岁，毕业后的大问题当然就是要寻觅工作。他是一个无家可归的孤儿，在学校时以学校为家，出了学校便有四顾茫茫之慨。他先到一个矿场内做下届的工作，与工人杂处，目的虽在得经验，且事实上为后日管理工场这助。可是面包问题也是一个大原因。数月后，有一个法国工程师任宁（Ganin）在三藩市设立事务所，他前去自荐。这位工程师叫他找一个证明人，他举出美国地质学会的主事者，但这件来往约很要些时候，在回信未到以前，他得准许在事务所做一个散工性质的书记，月得少许生活费，回信到后，便立即增到70元。

不久，加利福尼亚南部有一矿场要聘一个管理员，他由任宁介绍前去，月薪200元。凭着优越的学业，益以在矿地实地工作所得的经验，他竟能把那个矿区弄得很好。时澳洲发现金矿，需要管理和采炼的人才，电请任宁介绍年轻而又有才干的美国工程师，年薪7500元。任宁觉得胡佛堪以胜任，遂叫他前去。胡佛赶忙去找他当律师的同学，预备行头，同时制衣三袭，其欣悦可想而知。

1897年，胡佛还只23岁，已成为羽毛渐丰的工程师。他到澳洲后，所负的责任是决定炼矿法，筹划设备和建设10个矿区。他运用美国的人才，而所任用的人都是斯坦福的同学。他在澳洲两年多，自探查、开采，以至运输、炼冶，都在他一个人的管理之下。事业很顺利，正在想着另觅机会之时，命运又给他一个变迁。

时值清政府请求维新，增设铁道矿务部，须作用教育经验皆富的人。但是欧洲人都不当其选，因为“势力范围”“利益均沾”使他们互相争夺，此一席地位遂属之于美国人。胡佛的资格既与条件相符，便以15000元的年薪受聘。他先回美国结婚，带了新夫人一同来中国的天津，时在1899年，他刚满25岁。

他在中国所担任的事和在澳洲一样，而第一步要做的就是考察矿源，因为中国矿源虽丰富，但实际上并不知道矿出何处。故他须调查并计划开采煤铁矿，以作建业铁道之用。他与他的夫人遍历东三省，蒙古和直隶、山西、山东等省。游毕归来，正在编作报告，开列计划，而庚子乱起，他的工作遂遭停顿。

庚子之乱期间,他在天津租界内帮助防守的事情,英租界内只有他一个人是工程师,所以一切关于器械方面的事件,都是归他去办。看看粮食不够了,他便设法筹集米面,计算需要,来谋维持这方。他本着这次在天津的经验,后来在欧战时救济了 1000 万人。其时清政府中有些官员,被人视为媚外而要遭受危险的,所以,他们都逃到租界里去,这其中就有唐绍仪。他们到了租界,又被租界的捕房当作间谍,也要把他们处死。胡佛知道他们是好人,急忙前去营救。他自己力量不足,又去请别人来帮忙,终于把这一班人救了出来。在获救的人群中还有一个翻译,后来靠经商致富,每到新年的时候,无论胡佛夫妇在什么地方,这个翻译总要寄一张贺片给他们。唐绍仪则与胡佛成为好友,胡佛允任总统候选人后,曾写信给唐绍仪说,如果他当了总统,一定请他去白宫住上几日。

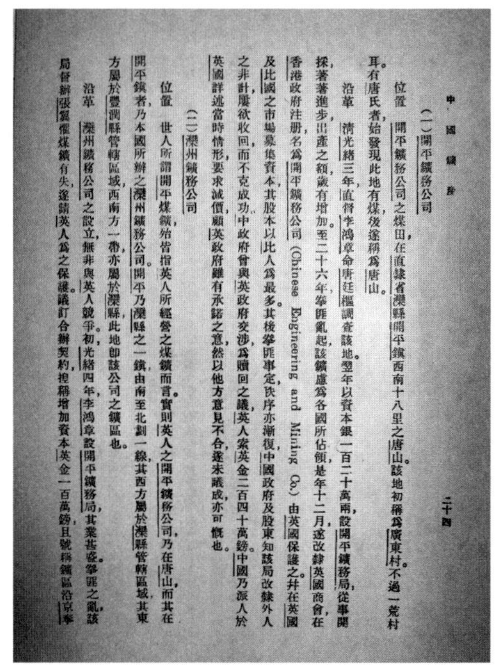
中國鑛産　二十四

（一）開平鑛務公司

位置　開平鑛務公司之煤田,在直隸省灤縣開平鎮西南十八里之唐山。該地初稱爲廣東村,不過一荒村耳。有唐氏者,始發現此地有煤,後遂稱爲唐山。

沿革　清光緒三年,直督李鴻章命唐廷樞調查該地。翌年以資本銀一百二十萬兩,設開平鑛務局,從事開採,著著進步,出產之額,歲有增加。至二十六年,拳匪亂起,該鑛處爲各國所佔領,是年十二月,遂改隸英國商會,在香港政府注册,名爲開平鑛務公司(Chinese Engineering and Mining Co.)由英國保護之。并在英國及比國之市場纂集資本,其股本以比人爲最多。其後拳匪事定,秩序亦漸復,中國政府及股東知該局改隸外人之非計,屢欲收回,而不克成功。中政府曾與英政府交涉,爲贖回之議,英人索英金二百四十萬鎊。中國乃派人於英國詳述當時情形,要求減價,顧英政府雖有承諾之意,然以他方意見不合,遂未議成,亦可慨也。

（二）灤州鑛務公司

位置　世人所謂開平煤鑛,殆皆指英人所經營之煤鑛而言。實則英人之開平鑛務公司,乃在唐山,而其在開平鎮者,乃本國所辦之灤州鑛務公司。開平乃灤縣之一鎮,由南至北劃一線,其西方屬於灤縣管轄區域,其東方屬於豐潤縣管轄區域,西南方一帶,亦屬於灤縣,此地即該公司之鑛區也。

沿革　灤州鑛務公司之設立,無非與英人競爭。初光緒四年,李鴻章設開平鑛務局,其業甚盛。拳匪之亂,該局督辦張翼罹煤鑛有失,遂請英人爲之保護。議訂合辦契約,捏稱增加資本英金一百萬鎊,且號稱鑛區沿京奉

图 4-32 《中国矿产》一书有关开滦矿务局的记载

庚子之乱结束后,由于政权更迭,他的薪金已无处可领,只好打道回府。回国时,他主动绕道欧洲,借以考察欧洲实情,作为下一步事业的资本。但是命运偏要他再到中国一次。在“庚子”以前,开平煤矿的股票分散在欧洲各国人的手里,因庚子之乱而股价大跌。因比利时人买得最多,遂委派他来到中国。他们认为欲图获利,非聘得熟悉情形,富于经验的胡佛不可,于是胡佛复被聘来到天津,担任开平煤矿的总工程师。他到任后全出力办理,不但工程方面,连管理也归诸他的手下。不久煤矿便恢复原

状，能获巨利。后因与主事者志趣不投，愤而辞职，折回美国。

自 1901 年至 1912 年，胡佛不再专任一处的事，而自设办事处以代各处计划。总机关设在加省，分支机构设在世界各地，他本人则周巡各处，多在船上过日。最初他仅是带备书籍在船上浏览，后来简直把船仓作为办公室，写作计划，整理各处报告，每到一埠，辄有大批电报等着他，在装煤上货的时间内，他便分别答复。他曾在缅甸办矿，吸引了不少股东，把一个荒僻的小地方，弄成了拥有 2 万多人口的市镇。他还曾在俄国谭木司克替人整顿矿场，使一班工人都受得训练。他每到一个地方，都传播美国的思维和方法，提高了美国的地位。

1909 年，他所著的《矿学原理》一书出版，至今美国大学中仍在使用。与马丁路德同时的阿格里科拉（Agrjcola）曾作有《金属采炼》一书，原文系拉丁文，艰深异常，且当时所用名词多已不传，胡佛费了不少的考据功夫，把这本书翻译出来，并于 1912 年出版，于矿学研究上有不少新的发现和创新。奠定了他在地质工程界的崇高地位，美国矿学会曾赠他金牌，美国工程学校也曾推举他为校长，以表彰他对地质矿产工作的杰出贡献。

从上述文献记载看，胡佛在天津待了累计不到三年。但在这段时间里，胡佛作为一位富有经验的采矿工程师，还是办了不少的事情，尤其是在开平煤矿恢复生产这件事上，他是功不可没的。基于此，在天津采矿史上，胡佛是不可或缺的。

李吟秋笔下的津沽凿井史料

李吟秋，是天津著名的水利学家，他的《凿井工程》一书，不仅总结了我国凿井的历史，而且结合天津的实际案例，从科学角度介绍了先进的凿井方法，为我们了解天津的凿井历史提供了史料。

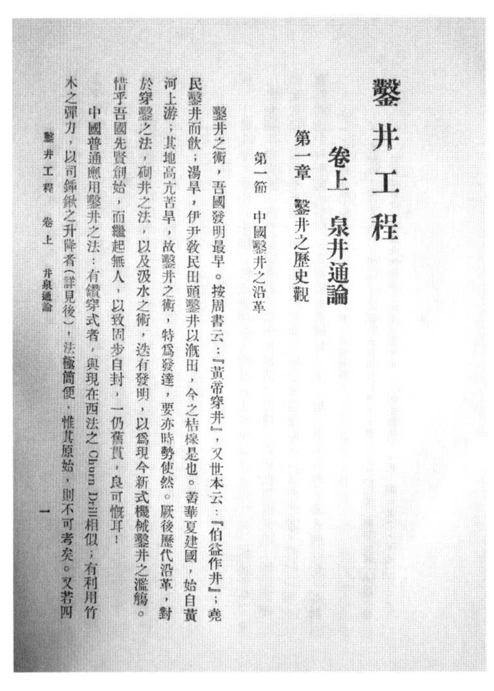

鑿井工程

卷上 泉井通論

第一章 鑿井之歷史觀

第一節 中國鑿井之沿革

鑿井之術，吾國發明最早。按周書云：『黃帝穿井』，又世本云：『伯益作井』；堯民鑿井而飲；湯旱，伊尹教民田頭鑿井以溉田，今之桔槔是也。蓋華夏建國，始自黃河上游；其地高亢苦旱，故鑿井之術，特為發達，要亦時勢使然。厥後歷代沿革，對於穿鑿之法，砌井之法，以及汲水之術，迭有發明，以為現今新式機械鑿井之濫觴。惜乎吾國先賢創始，而繼起無人，以致固步自封，一仍舊貫，良可慨耳！

中國普通應用鑿井之法：有鑽穿式者，與現在西法之 Churn Drill 相似；有利用竹木之彈力，以司鍤鍬之升降者（詳見後），法極簡便，惟其原始，則不可考矣。又若四

鑿井工程 卷上 井泉通論 一

图 4-33 《凿井工程》书影

据刘贡求《李吟秋二三事》载，1900 年 12 月，李吟秋生于河北省迁安县，少年时在北京汇文学校求学，毕业后考取清华学校。1922 年被公派到美国留学，先后毕业于伊利诺伊大学铁道工程专业、康奈尔大学水利工程专业，并入普渡大学研究院攻读桥梁建筑及结构学，分别获得学士、硕士学位。1929 年后，先后任华北水利委员会委员、工程师，天津工务局局长，并在北洋大学任兼职教授。抗战时期，李吟秋只身来到云南，支援大后方交通建设，

曾参与筹建川滇铁路、滇缅铁路。1949 年，任云南大学工学院院长。1953 年 8 月，李吟秋参与组建中南土木建筑学院工作。1960 年，李吟秋被调入长沙铁道学院任铁道运输系、铁道工程系主任。

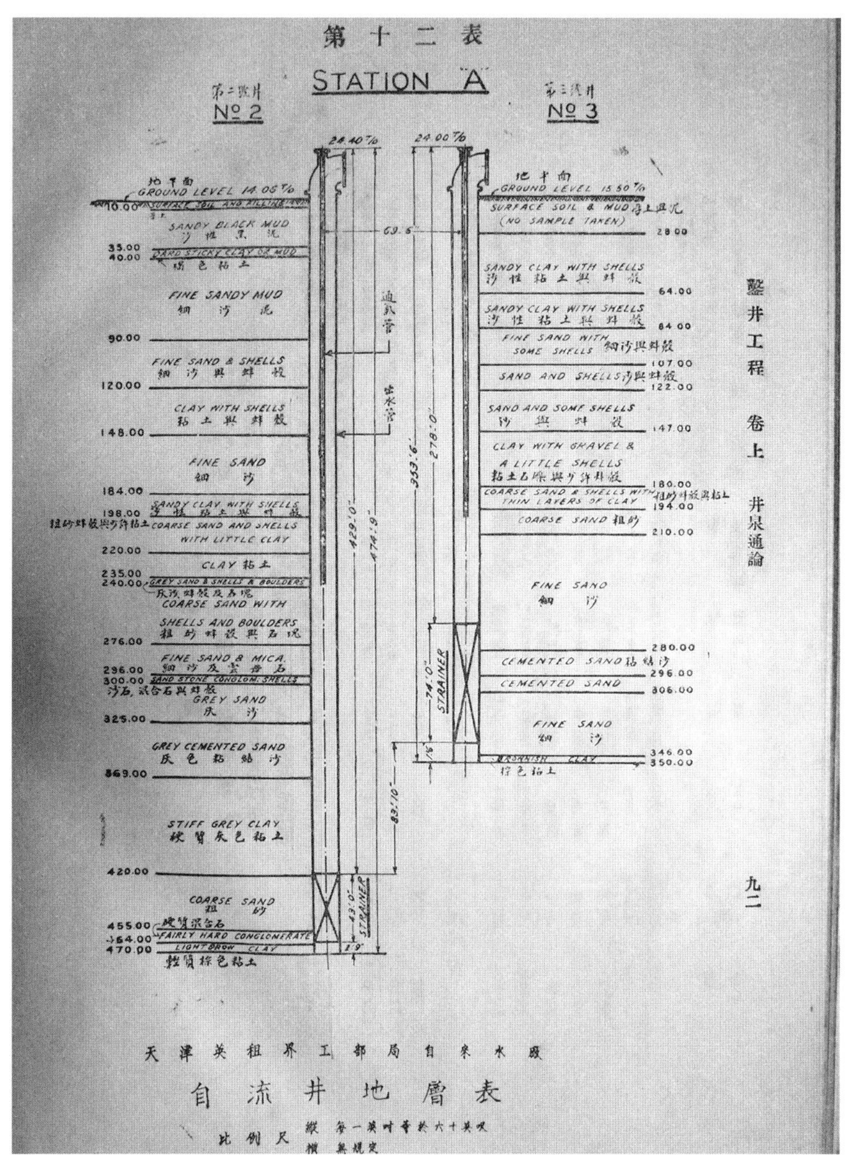

图 4-34　《凿井工程》所收录的《天津英租界工部局自来水厂自流井地层表》

《凿井工程》出版于 1931 年 1 月，由北平国立北平研究院出版并发行。之所以要出版这部著作，按照作者在《自序》中的解释："吾华北数省，地处高亢，时苦旱侵，自民国十七年以还，鲁、豫、陕、甘罹灾之重，史所罕闻。冀、察、绥各区，虽受灾较轻，然亦每忧春旱，多误农时。因之夏秋两获，损失不堪。而民生日就凋敝，甚矣天时之不足恃也！救济之法，厥惟水利。今政府有鉴于此，爰于'导河''浚井''凿泉'三要政，极力提倡，同时并举。""不佞深感于鲁、豫、甘频年旱灾之奇重，因述古今浚井、凿泉振兴水利之成法，汇为一篇，曰《凿井工程》。"

关于《凿井工程》的内容，李吟秋作了归纳："肇之以《井泉通论》，以明水源与地理之关系；次之以《凿井方法》，以明夫掘浚疏导与开源节流之道。惟仅具凿法而不言汲法，于术尚有未备也，遂复补之以《汲井与储水》一章，以宏地下水之用焉。"

《井泉通论》分七章，即凿井之历史观、井水之源流、地下之储水岩层、地下水之潜行及其性质、原源、自流水、井之水理；《凿井方法》亦分七章，即浅井之人工掘凿法、机器标准凿井法、加利弗尼亚式凿井法、空杆法旋钻法及水射法、滤水管之构造、凿井之困难与其救济方法、汲井与储水。该书附录一批照片，分别为美国、日本等发达国家机器凿井的画面。

在书中，作者对天津凿井历史作了概述，并附录英日租界地下水井的基础资料，可作为研究天津地下水开采史的重要文献。李吟秋认为，天津地势洼下，且去海较近，其最初为海滨沼泽，后来为退海之地。其地下的岩层，尚不知有多深，目前开凿最深的井才 644 尺，仅能见到沙层，其岩石分布的深度肯定要超过北平。"天津为河北五大河总汇之地，居民多依河取水，故掘深井者，实不多见。惟租界地内及大工厂中，间有凿井汲水者，然均赖机器抽水，而非纯粹之上涌自流水也。"从作者开列的《天津英日租界水井调查表》得知，当时英租界自来水场共有地下水井 8 口（其中 2 口已报废，另有 1 口尚未完工，实际利用的只有 5 口），井深最浅者为 334 尺，最深者 644 尺。每小时出水量，最少者 8000 加仑（1 加仑折英制

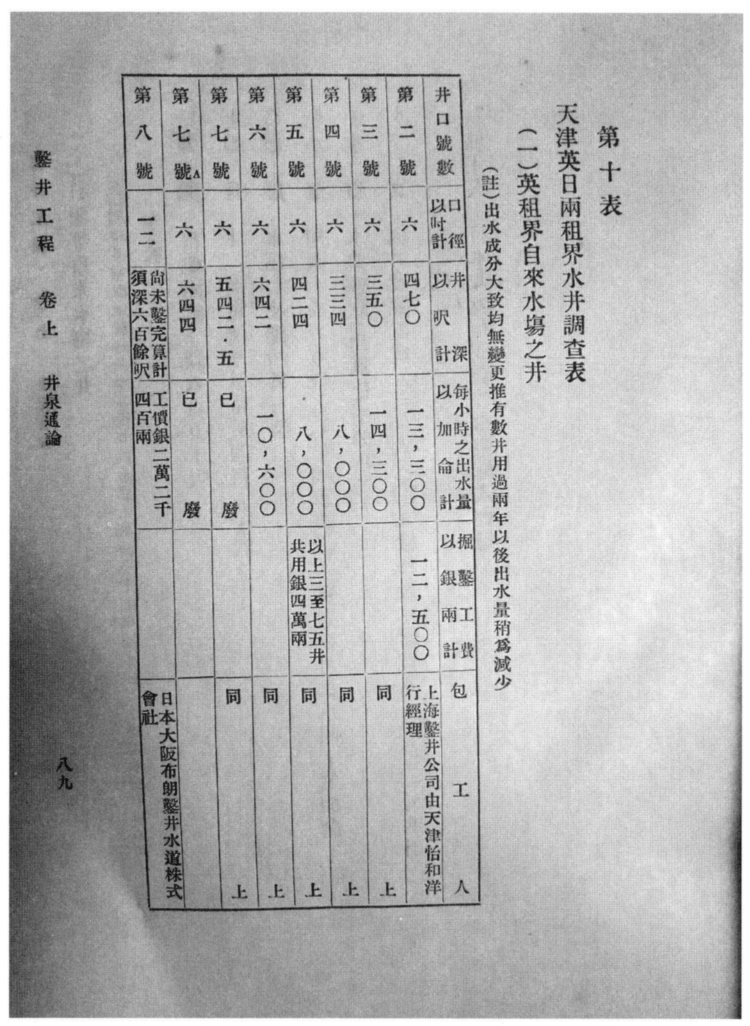

第十表

天津英日兩租界水井調查表

(一)英租界自來水塲之井

(註)出水成分大致均無變更推有數井用過兩年以後出水量稍爲減少

井口號數	口徑以吋計	井深以呎計	每小時之出水量以加侖計	掘鑿工費以兩計	包工人
第二號	六	四七〇	一三，三〇〇	一二，五〇〇	上海鑿井公司由天津怡和洋行經理
第三號	六	三五〇	一四，三〇〇		同上
第四號	六	三三四	八，〇〇〇		同上
第五號	六	四二四	八，〇〇〇	以上三至七五井共用銀四萬兩	同上
第六號	六	六四二	一〇，六〇〇		同上
第七號	六	五四二·五	已廢		同上
第七號A	六	六四四	已廢		
第八號	一二	尚未鑿完算計須深六百餘呎	工價銀二萬二千四百兩		日本大阪布朗鑿井水道株式會社

鑿井工程　卷上　井泉通論　八九

图 4-35 《凿井工程》有关英日租界地下水井资料

单位 4.55 升)，最高者 14300 加仑。这 8 口井均由上海凿井公司和日本大阪布朗凿井水道株式会社开凿施工。日租界自来水厂地下水井只有 1 口，深 650 尺，用 50 马力气压抽水机汲水，每昼夜出水量 40 万加仑，其凿井费用为 31600 元。

陈炎冰与蓟州温泉

1939 年 10 月,我国著名医学家陈炎冰编著了一本《中国温泉考》,其中有关于蓟州温泉的记载,非常具有史料价值。

温泉可治百病,古文献中有很多事例。但在作者陈炎冰看来,我国历代医学家,“多尚玄理,而忽于实际证明;偏重本草,而轻视自然之利用”。他认为,“吾国温泉,多而且广,苟能加以研究,善为利用,不独为医界放一异彩,抑亦利国福民之一端也”。本着这个宗旨,陈炎冰便开始了系统温泉研究。

图 4-36 《中国温泉考》书影

我国地域辽阔,温泉众多,但官方并没有准确的统计,这给陈炎冰的研究带来不小的困难。早在 1937 年,陈炎冰就曾呈请行政院,建议各省开展温泉调查工作,以摸清中国温泉的家底。时隔两年之后,他的建议仍然石沉大海,“不独余个人失望,抑亦研究温泉第一步工作之硬阻,奈何奈何”。1939

年春天，陈炎冰在桂林从事医疗工作。他利用闲暇时间，先后查阅了《水经注》《方舆纪要》《一统志》《古今图书集成》等典籍以及各省通志，“积数月之整理，汇集全国温泉约五百余处，分布区域达26省”。在官方没有正式统计的情况下，陈炎冰认为，这些史料可暂时作为温泉研究的第一步。

《中国温泉考》分四部分：

第一部分，何谓温泉。首次从科学角度提出了温泉的概念，并区分了温泉与冷泉、矿泉等术语的异同。他认为，地下涌出之泉水，其温度较涌出地点之年均气温为高者称之为温泉。由于每个地方的纬度、气候条件各异，故不同区域的温泉划分标准亦不同。他还依据不同的物质成份，把温泉划分为九个类型：单纯温泉、单纯碳酸泉、碱性泉、食盐泉、土类泉、苦味泉、铁泉、硫黄泉及放射能泉。

第二部分，温泉成立说。作者从地质学角度分析了温泉成因。按照他的理解，温泉成因主要有两种。一种是由火山喷发引起的，火山喷发后其热能逐渐衰减，将周边地层里的地下水加热后形成温泉；另一种是热传导引起的。他认为，在无火山活动的地带，其地下之温度随着深度的增加而升高，深部地下水经加热后沿裂隙传导露出地面后形成温泉。

图4-37　《温泉的医疗作用》书影

第三部分，中国古代之温泉观。他认为，温泉属自然现象，古人“对于其发生之原因，莫明其妙，惟有归之神力。”陈炎冰认为，这些神话从科学角度来讲并意义。

图 4-38 《天津地热(温泉)志》书影

相反,有关温泉治病的记载更有价值。他举例说,《水经注》载:“杜彦达曰:‘鲁山皇女汤,可以熟米,饮之愈百病。道士清身沐浴,一日三次,多少自在,四十日后,身中万病愈,三虫死。’”

第四部分,中国各省温泉之分布。以省为单位,分别辑录了五百多处温泉史料。其中天津周边的温泉亦有记载。如青县温泉,书中载:“在青县城南里许,弥陀菴后巨土丘中,该泉发现于 1936 年 2 月间(见天津《大公报》载)。温泉初则向上喷出,高约二尺余,俟经加以疏导,即行平流。当春寒料峭、冰冻未解之际,而该水源源不绝,殊为奇观。本地人谓能治疗疾病,是以提壶携瓶前往取水者,摩肩接踵,颇形拥挤。”按照现代地质学理论,平原区能够有温泉出露,应当是与特定的断裂活动有关。对青县温泉这一特殊地质遗迹的研究,一定会为华北平原热勘查工作提供重要依据,值得有关部门重视。

在笔者看来,该书最有价值部分当属有关蓟州温泉的记载,原文这样表述:“蓟县温泉。在蓟县之笄头山,《太平寰宇记》:‘泉浴能治百病。’”据《天津地热(温泉)志》载,笄头山即今之所言府君山。2011 年,有关部门曾在蓟州打出温度 48℃的温泉水,为上述记载提供了一个佐证。

王猩酋的《雨花石子记》

《雨花石子记》是王猩酋的著述，全书约 5 万字，1943 年被张次溪收入“中国史迹风土丛书”出版，学界曾赞誉其为“中国现代第一部结合传统观念和现代学术理念系统研究雨花石的经典文献。”奠定了他在观赏石学术领域的开拓者地位。

王猩酋 1876 年出生于今天津市武清区王庆坨镇，是一位著名的教育家、观赏石研究家。早在 1915 年，他就开始留意于雨花石的收藏。1922 年，他在《京津泰晤士报》副刊曾作《雨花石说》一文，按照石质对雨花石作了科学分类，认为“最优者可定名为蛋白石，如‘鸡卵石’，正白色，莹然透澈，向日望之，浸水窥之，则如雾如烟，溟溟如细雨，透而不露，如葡萄剥皮，非若水晶玻璃之一眼彻底，毫无蕴蓄也”。此文发表后，受到读者喜爱。报纸专门为其开设“雨花石子记”专栏，连载他有关收藏、鉴赏雨花石的成果及轶闻趣事。

1938 年春，王猩酋的好友、著名学者张次溪一度视学皖南，在路过金陵的时候小住十日。期间，他给王猩酋写了一封书信，询问王猩酋是否有所需要。王猩酋复书云：“但为我觅雨花石子别无求也。”本来，在此之前，王庆坨一带，嗜雨花石的同道者早已星散，唯独他一人还在坚守。但随着欣赏品位的提升，他对雨花石的要求也越来越高，所以所收获的雨花石并不很多。张次溪赴金陵雨花台，重新勾起了王猩酋对雨花石收藏的

图 4-39　王猩酋《雨花石子记》书影

欲望。张次溪接到王猩酋的书信后，便开始为其到处寻觅。南京雨花台是雨花石主产地，位于中华门外(俗称南门外)，此时已为日本侵略者占领，“遥隔一城，可望而不可及”，他只得跑到秦淮河一带的古玩店去寻找，而“素称卖石冷摊之秦淮河畔亦落落可数”。张次溪每天到冷摊去寻觅，开始他并不懂得雨花石的好坏，第一次就买了两篮子，他兴奋地写信给王猩酋，王猩酋则回复说，“两篮无佳石，勿寄也。”在王猩酋看来，“曩昔亲友往金陵者，皆先得篮中物，而后稍稍知石，则尽弃前石。故知初买两篮，必无佳品。”王猩酋写信向张次溪传授了购石之法，张次溪则按照王猩酋提出的鉴赏标准尝试购买，买完之后邮寄给王猩酋，并请他提出批评意见，还要求他为每一枚石子题诗一首。在王猩酋悉心指导下，张次溪对雨花石由外行逐渐变成了内行，并一度达到了痴迷程度，以至于后来越买越上瘾，越买鉴赏水平就越高。他在给王猩酋的信中曾言：“弟近来辨石之眼光，亦超然而向上，凡石皆不能入目。”俨然亦成了雨花石鉴赏专家。在接下来的一年多时间内，张次溪累计为王猩酋购石五百余枚，分七个批次寄到了天津王庆坨。王猩酋把这七个批次的雨花石挑选了近 396 枚，以四枚为一组，分列成 99 组。他还给每一枚石子起了一个由四个字组成的富于诗意的名字，如“岁寒冰雪”“池边鸟树”“西湖十景”等，并分别题诗留念。

我们现在见到的《雨花石子记》，是由张次溪于 1943 年编辑出版的，该书对雨花石的概念和收藏历史作了追述，对雨花石的产地、成因、分类、标准、命名、鉴赏等环节进行了科学分析,记录了作者与同道张轮远、张次溪等诸学者、师友间的交往细节。正如周德麟、赵启斌在《雨花石子记》再版《导读》一文所评价的那样,"该书是一部奠基之手,提出的学术观点囊括了后来雨花石研究、收藏的大致范畴,对于现代雨花石研究和雨花石文化的发展,起到了理论上先导作用。后人的论述基本上没有超出他的阐释范围"。

著名学者、雨花石研究大家张轮远(亦为天津市王庆坨人)非常推崇王猩酋,他在《万石斋藏石琐记》一文(详见《万石斋大理石灵岩石谱》)中曾谈到他初次见到王猩酋时的情景:"王君将所存石子,尽为陈列,五光十色,满案琳琅,不禁目眩心迷,自愧寡陋。盖先生隐于乡,癖石多年,研究有素,且独具慧眼,异乎恒流,所藏佳品颇多也,遂叩而求教焉。先生惠我石子数十枚,并为介绍石界同志数人,常与畅谈,夜以继日,至忘饥渴,余之石癖逐日深,而痴愈甚,入魔境亦入悟境矣。"

猩酋先生 1948 年辞世,终年 72 岁。

张轮远有个“万石斋”

张轮远(1899—1986)出生于今天津市武清区王庆坨镇,他在南开中学读书时,地理学教员郑子周曾“盛称金陵雨花台盛迹”,故而令其对南京“闻而美之”。他的同窗好友、南京籍人薛卓东,曾从家乡带来雨花石数枚相示,给其留下深刻印象。这是他第一次接触到雨花石。在他16岁那年,在南京上学的族兄信天回到故乡,将数十枚雨花石送给张轮远。从此,收藏雨花石便成为他一生的爱好。除收藏雨花石外,大理石亦成为他的最爱。

在他24岁的时候,其家中所藏雨花石、大理石等已经相当可观,并故将其居室命名为“万石斋”。关于这一点,张轮远在其所撰《万石斋藏石琐记一》一文中明确记载:“余于癸亥(1923)秋初,以藏石日伙,遂署庋置之室为‘万石斋’。”在张轮远看来,无论是大江大河,还是高山峻岭,均出产美石,个人所得到的,不过是沧海一粟,取名“万石斋”,好像有些傲气,其实并非如此,只不过是借此激励自己,希望通过自己的努力,“勉诸将来,或者造物怜痴,弱不吾负,精妙之品,其来也源源”。

张轮远本为司法界名人,加之有稳定收入,故其“万石斋”被人所觊觎。日本侵略者占领王庆坨的时候,他的“万石斋”就曾遭遇过一次劫难。据《万石斋藏石琐记二》载,“华北沦陷,历时八载,水深火热,邑里丘墟。乙酉年(1945)故乡之万石斋,被匪洗劫一空,屋舍荡然,遑论乎石”!

幸好他所藏的一部分珍品，被他带到了天津寓所(天津市区岳阳道路庆华里)，“早经携诸行笥(出行时所带的箱笼)，未遭掠夺”。20 世纪 40 年代，姚灵犀曾应邀到张轮远在庆华里的寓所做客，参观了劫后余生的这部分藏品。“有雨花石千粒，大理石百余方。”他在所作的《水龙吟》词序中曾言：“唐张文瓘及四子皆为二千石，人称为万石张家。今轮远藏石甚富，有石屏、有盆石、有印章、有文石、有假山，无不精妙。斋名万石，潘龄皋所题也。”著名小说家刘云若在参观庆华里张寓后，撰写了一篇《拜石记》，文中写道：“今见轮远佳品，如久涉培塿者，初入喜马拉雅山；如久航内河者，乍入太平洋……盖天地奇气，山川秀气之钟毓于石者，轮远尽蒐而收之，几疑天下奇品，尽集于是。”

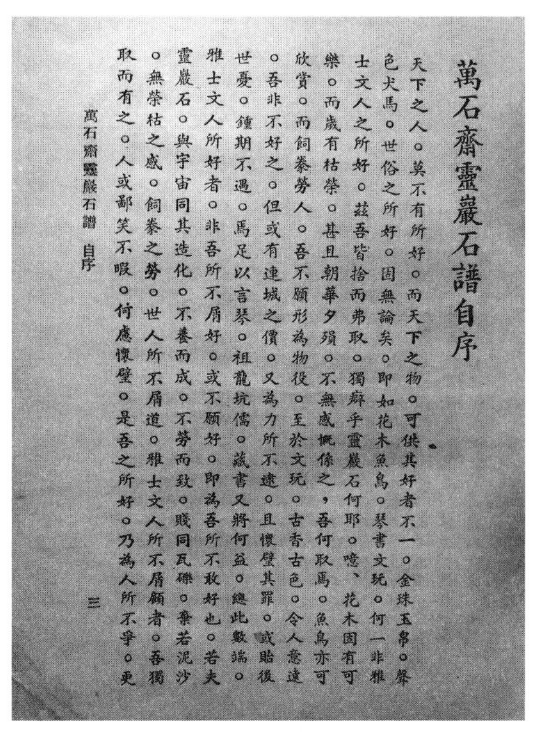
萬石齋靈巖石譜自序

天下之人。莫不有所好。而天下之物。可供其好者不一。金珠玉帛。聲
色犬馬。世俗之所好。固無論矣。即如花木魚鳥。琴書文玩。何一非雅
士文人之所好。茲吾皆捨而弗取。獨癖乎靈巖石何耶。噫、花木固有可
樂。而歲有枯榮。甚且朝華夕殞。不無感慨係之，吾何取焉。魚鳥亦可
欣賞。而飼豢勞人。吾不願形為物役。至於文玩。古香古色。令人意遠
。吾非不好之。但或有連城之價。又為力所不逮。且懷璧其罪。或貽後
世憂。鍾期不遇。馬足以言琴。祖龍坑儒。藏書又將何益。總此數端。
雅士文人所好者。非吾所不屑好。或不願好。即為吾所不敢好也。若夫
靈巖石。與宇宙同其造化。不養而成。不勞而致。賤同瓦礫。棄若泥沙
。無榮枯之感。飼豢之勞。世人所不屑道。雅士文人所不屑顧者。吾獨
取而有之。人或鄙笑不暇。何慮懷璧。是吾之所好。乃為人所不爭。更

萬石齋靈巖石譜 自序　三

图 4-40 《万石斋灵岩石谱》自序

故乡“万石斋”遇劫后，曾令张轮远十分感慨，他说过：“故乡之‘万石斋’遭兵劫后，不特石多凋残，且伯氏(此指伯兄信天)久故，癖石诸友亦散亡殆尽，每抚存石，复念及少年为记之时，志并灵严，恨不能以宇宙奇石，均据为己有，此志未成，而余亦垂老矣。差可自慰者，虽值此扰攘之际，仍能于虎口之余，守残抱缺，朝夕与石兄晤列，如在无边苦海中，得见数滴杨枝水，则又不得不感激造物怜我与石之厚也。”

主要参考文献

1. 黎桑:《黄河流域十年实地调查记目录》,天津法文图书馆印行。

2. 德日进、杨钟健:《山西西部陕西北部蓬蒂纪后黄土期前之地层观察》,《地质专报》(甲种第8号),农矿部直辖地质调查所,1930年。

3. 德日进:《周口店第九地点之哺乳化石》,《中国古生物志丙种第七号》第四册,实业部地质调查所、国立北平研究院地质研究所,1936年。

4. 德日进、杨钟健:《安阳殷墟之哺乳动物群》(《中国古生物志》丙种第12号第一册),实业部地质调查所、国立北平研究院地质研究所,1936年。

5. 德日进、汤道平:《山西东南部上新统之骆驼麒麟鹿及鹿化石》,《古生物志新丙种第一号(总号第102册)》,实业部地质调查所、国立北平研究院地质研究所,1937年。

6. 贾兰坡:《我所认识的古生物学大师——德日进》,《化石》1982年第1期。

7. 陈锡欣:《天津自然博物馆八十周年》,天津科学技术出版社,1994年。

8. 孙景云:《天津自然博物馆建馆90周年文集》,天津科学技术出版社,2004年。

9. 德日进:《德日进集——两极之间的痛苦》,上海远东出版社,

2004 年。

10. 德日进:《人的现象》,新星出版社,2006 年。

11.《津市唯一自流井开凿完竣成绩优良》,《大公报》1936 年 5 月 13 日。

12.《西开自流井完成后黎桑博士发表研究成果》,《大公报》1936 年 5 月 18 日。

13. 章鸿钊:《古矿录》,地质出版社,1954 年。

14. 梁式堂:《凿泉浅说问答》,察哈尔省建设厅印,1934 年。

15. 陈炎冰:《中国温泉考》,中华书局,1939 年。

16. 章鸿钊:《中国温泉辑要》,地质出版社,1956 年。

17. 张书义:《天津自然保护区》,天津科技出版社,1992 年。

18. 天津市蓟县中上元古界国家自然保护区管理处:《天津市蓟县中上元界国家自然保护区》,天津科学技术出版社,1992 年。

19. 张光玉、江苏燕:《天津湿地与古海岸遗迹》,中国林业出版社,2008 年。

20. 天津市宁河县七里海保护区建设委员会:《天津七里海》,内部资料,2011 年。

21. 天津市地质矿产局:《天津市区域地质志》,地质出版社,1992 年。

22. 李四光:《李四光同志关于“地热问题”的讲话》,内部资料,1971 年。

23. 陈茅南:《华北平原东部第四系海进与冰期、间冰期的探讨》,内部资料,1978 年。

24. 朱士兴等:《中国叠层石》,天津大学出版社,1993 年。

25. 天津地热勘查开发设计院:《天津市津南区咸水沽金丰里地热资源开发利用可行性论证报告》,内部资料,2011 年。

26. 天津市国土资源和房屋管理局:《天津市矿产资源总体规划(2008—2015 年)》,2009 年。

27.《天津(地热)温泉志》编委会:《天津地热(温泉)志》,天津科学技术出版社,2018 年。

28. 李吟秋:《凿井工程》,国立北平研究院出版,1931 年。

29. 陈炎冰:《温泉的医疗作用》,人民卫生出版社,1958 年。

30. 杨世铎、房树民、郑延慧:《李四光的故事》,中国少年儿童出版社,1978 年。

31.《北洋大学——天津大学校史》编辑室:《北洋大学——天津大学校史》,天津大学出版社,1990 年。

32. 天津市国土资源和房屋管理局:《天津市地热资源规划(2011—2015 年)》,2009 年。

33. 南开大学校史编委会:《南开大学校史》,南开大学出版社,1989 年。

35. 马胜云、马兰:《李四光传》,地质出版社,1999 年。

36. 天津市地质矿产局:《天津地质志》,内部资料,1985 年。

37.《畿辅通志》,河北人民出版社,1989 年。

38. 吴文涛:《北京水利史》,人民出版社,2013 年。

39. 周家楣、缪荃孙:《光绪顺天府志》,北京古籍出版社,1987 年。

40. 冯焱:《中国江河防洪丛书. 海河卷》,水利电力出版社,1993 年。

41. 蒋一葵:《长安客话》,北京古籍出版社,1980 年。

42. 陈灿文:《天津史地知识(一)》,内部资料,1987 年。

43. 冯品清:《大运河史话》,百花文艺出版社,2015 年。

44. 卞僧慧:《天津史地知识(一)》,天津市地名委员会办公室,1987 年。

后 记

经过两个多月的准备,《老天津的地质风物》书稿基本成形了。

历史文化是城市的灵魂。这些年,天津本地出版社为保护历史文化遗产,传承津沽历史文脉,做了大量的实际工作,无论是在学界,还是在普通市民读者中都引起了很大反响,为留住我们这座城市的文化基因做出了重要贡献,成绩可圈可点。2022年5月,经专家评审,《老天津的地质风物》被列入天津市档案馆(天津市地方志编修委员会办公室)2022年度“天津地方史研究丛书”资助出版项目。这对于我来说,既是鼓励,也是鞭策。

本书在整理过程中,得到了天津社会科学院出版社领导和本书责任编辑吴琼老师的精心指导,同时也得到了韩玉霞、周利成等专家学者的鼎力支持,我的同事、同处室的工作伙伴郭秀民处长,提供了七里海湿地自然景观的珍贵照片,为本书增色不少,在此一并致谢!

著名文学评论家、天津市作家协会原副主席黄桂元先生,文化学者、《中老年时报》资深编辑董欣妍女史,在百忙中应约为本书作序,并在序中对本人给以热情鼓励,令我十分感动。借此机会,向二位老师表达我由衷的谢意!

由于作者水平有限,书中错讹、遗漏的地方在所难免,敬请读者批评指正。

2022年10月8日